中国环境经济政策发展报告2022

China's Report on Environmental Economic Policy Progress 2022

董战峰　葛察忠　郝春旭　等/编著

中国环境出版集团·北京

图书在版编目（CIP）数据

中国环境经济政策发展报告. 2022 / 董战峰等编著
. -- 北京 : 中国环境出版集团, 2024.5
（中国环境规划政策绿皮书）
ISBN 978-7-5111-5852-9

Ⅰ. ①中… Ⅱ. ①董… Ⅲ. ①环境经济－环境政策－研究报告－中国－2022 Ⅳ. ①X-012

中国国家版本馆CIP数据核字(2024)第088421号

策划编辑 葛 莉
责任编辑 宾银平
封面设计 彭 杉

出版发行 中国环境出版集团
（100062 北京市东城区广渠门内大街16号）
网 址：http://www.cesp.com.cn
电子邮箱：bjgl@cesp.com.cn
联系电话：010-67112765（编辑管理部）
发行热线：010-67125803，010-67113405（传真）

印 刷 北京中科印刷有限公司
经 销 各地新华书店
版 次 2024年5月第1版
印 次 2024年5月第1次印刷
开 本 787×1092 1/16
印 张 16.25
字 数 210千字
定 价 115.00元

《中国环境规划政策绿皮书》
编 委 会

《中国环境经济政策发展报告 2022》编委会

前　言

环境经济政策是一个利用财税、价格、金融、交易等经济政策工具调控环境行为的政策类型，与行政管制型政策相比，注重运用市场经济手段对经济主体进行内生调控，有利于形成生态环境保护的长效机制。随着生态文明建设的深入推进，美丽中国建设迈出重大步伐，我国生态环境保护工作向纵深发展，现代环境治理体系加快构建，环境经济政策越来越受到重视，当前正进入快速发展阶段，环境经济政策创新与实践正面临前所未有的机遇。高质量发展动力转换、绿色发展结构转型、打赢/打好污染防治攻坚战等对环境经济政策实践提出了新的时代需求，需要建立一套更加科学合理、公平、长效的环境经济政策体系，更加需要能够充分支撑环境质量改善与高质量发展的市场经济政策创新。

面对快速变化的宏观政策形势以及新时期生态环境保护工作对环境经济政策改革与创新的迫切需求，为了更好地推进环境经济政策与应用，充分发挥环境经济政策的作用，持续开展环境经济政策的跟踪评估十分必要。生态环境部环境规划院是我国环境经济学科发展与政策研究的顶尖智库，长期从事环境投资、环境税费、绿色价格、环境权益交易、生态补偿、绿色金融等环境经济政策研究，作为科学技术支撑单位，为生态环境部、财政部等管理部门以及地方政府的环境经济政策制定与实施提供了大量智力支持。为了更好地推进环境经济政策的研究与应用，让社会各界能够对国家环境经济政策实践最新进展有一个系统全面的了解，生态环境部环境规划院组织编制了《中国环境经济政策发展报告》

绿皮书。

《中国环境经济政策发展报告》在大量调研、政策文件出台和实施分析的基础上，系统跟踪评估国家和地方环境经济政策实践最新进展，研判环境经济政策发展形势，分析年度各类型环境经济政策动态变化、成效与问题，提出未来的改革方向，并对年度最能反映国家和地方进展的典型环境经济政策进行了摘录。希望该年度报告能够成为社会各界研究和了解我国环境经济政策实践年度进展的参考书、工具书，促进分享交流，助推我国环境经济政策研究和决策。

在年度报告编写过程中，得到了生态环境部综合司、法规与标准司、科技与财务司等管理部门领导的大力支持和指导，得到了江苏省生态环境厅、甘肃省生态环境厅、四川省生态环境厅、浙江省生态环境厅、上海市生态环境局、安徽省生态环境厅、福建省生态环境厅、广东省生态环境厅、贵州省生态环境厅、云南省生态环境厅等地方生态环境部门的大力支持，也得到了生态环境部环境规划院陆军书记、王金南院长等领导的大力支持，在此表示衷心的感谢！

本书由董战峰、葛察忠、郝春旭等牵头组织编写，由璩爱玉、郝春旭统稿。本书共设置 11 章，第 1 章主要完成人为赵元浩、彭忱，第 2 章主要完成人为璩爱玉、董战峰，第 3 章主要完成人为毕粉粉、龙凤、田雪，第 4 章主要完成人为赵元浩、郝春旭、李娜，第 5 章主要完成人为周全、葛察忠，第 6 章主要完成人为龙凤、田雪、毕粉粉，第 7 章主要完成人为潘拥军、程翠云、宋祎川，第 8 章主要完成人为杜艳春，第 9 章主要完成人为王青，第 10 章主要完成人为宋祎川、杜艳春，第 11 章主要完成人为李婕旦、贾真。感谢生态环境部环境规划院相关研究人员对本书写作与出版的重要贡献，本书的出版离不开他们辛勤而又卓有成效的工作。

希望本书的出版能为有关政府部门管理人员、高校院所从事环境经济政策研究的专家学者，以及有关专业的研究生提供参考。此外，有必要指出的是，由于编写人员的水平有限，本书难免存在不妥之处，希望诸位同仁一起探讨交流，也恳请广大读者批评指正！

董战峰

2023 年 2 月 20 日

执行摘要

2022 年是党的二十大隆重召开之年，是国民经济和社会发展第十四个五年（2021—2025 年）规划实施的关键之年。环境经济政策创新与改革形势发生新的变化，这给环境经济政策的发展带来了前所未有的挑战与机遇，生态保护补偿、环境权益交易、绿色金融、环境污染市场治理等政策取得积极进展，环境经济政策体系不断健全完善，为生态文明建设与生态环境质量持续改善提供了重要推动力。环境经济政策体系在生态文明治理体系和治理能力现代化中的地位和作用更加凸显，为宏观经济全面绿色低碳发展转型、美丽中国建设目标早日实现提供了重要支撑。

本年度《中国环境经济政策发展报告》采取“自下而上”的方法，针对年度环境经济政策进展情况开展系统评估，评估对象包括我国正在实践的 10 项重点环境经济政策，包括绿色财政、环境资源价格、生态补偿、环境权益交易等政策，分门别类进行系统评估，形成年度环境经济政策发展形势研判。

绿色财政政策引导支持力度加大。环境污染治理投资总额从 2010 年的 6 654.2 亿元增加到 2021 年的 9 491.8 亿元，但占国内生产总值（GDP）的比重依然过低，从 2010 年的 1.9%下降到 2021 年的 0.8%，环境污染治理投资总额占 GDP 比例呈降低趋势。中央财政持续加大生态环境保护投入力度，2022 年中央财政生态环境保护投入较 2020 年增长了 15%。其中，中央财政安排水污染防治专项资金 235.8 亿元，大气污染防治专项资金 298.8 亿元，土壤污染防治专项资金 44 亿元，农村环境整治专项资金 40 亿元，用于支持深入打好蓝天、碧水、净土三大保卫战，着力解决突出生态环境问题。环境补贴政策方向在逐步调整，涉及环保电价、新能源汽车、“双替代”补贴、绿色农业补贴等，2022 年中央财政安排可再生能源电价附加补助资金 67.2 亿元，新能源汽车购置补贴政策于 2022 年 12 月 31 日终止。

环境资源价格改革取得积极进展。进一步完善电价政策机制，对新核准陆上风电项目、新备案集中式光伏电站和工商业分布式光伏项目，延续平价上网政策，并可自愿通过参与市场化交易形成上网电价，完善分时电价机制，引导用户削峰填谷，各地出台地方城镇供水价格机制具体办法或实施细则，稳步推进农业水价综合改革，多地调整污水处理费定价，全国36个重点城市平均污水处理费为1.02元/m^3，但该价格仅基本满足国家规定收费标准下限（0.95元/m^3）。国家制定《政府定价的经营服务性收费目录清单（2022版）》，调整了31个省（区、市）环保类收费。

生态保护补偿制度改革深入推进。《中华人民共和国黄河保护法》规定建立健全黄河流域生态保护补偿制度，引导和支持黄河流域上下游、左右岸、干支流地方人民政府之间采用多种形式开展横向生态保护补偿。《生态保护补偿条例》已纳入国务院立法工作计划，正由司法部进行立法审查。长江、黄河等大江大河横向生态保护补偿机制加快建设，2022 年水污染防治资金中分别安排了 20 亿元、10 亿元、6 亿元，支持长江、黄河全流域以及其他流域（汀江—韩江、东江、引滦入津）横向生态保护补偿机制建设，加快建立太湖流域横向生态保护补偿机制。多地出台深化生态保护补偿制度改革实施意见，探索市场化、多元化补偿机制。2022 年中央财政下达重点生态功能区转移支付 992 亿元，重点补助重点生态县域、生态功能重要地区、长江经济带地区和巩固拓展脱贫攻坚成果同乡村振兴衔接地区，并依据生态环境质量监测与评价结果，对“一般”和“明显”等级的 53 个县域转移支付资金进行奖惩调节。继续实施第三轮草原生态保护补助奖励政策，投入资金有增无减，实施范围进一步扩大。

环境权益交易改革取得进展。出台《全民所有自然资源资产所有权委托代理机制试点方案》，开展 8 类自然资源资产（含自然生态空间）所有权委托代理试点。排污权交易试点工作取得阶段性成果，28 个地区已开展或正在开展排污权交易试点工作。碳排放权交易第一个履约周期成效显著，全国碳市场运行框架基本建立，初步打通了各关键环节间的堵点、难点，价格发现机制作用初步显现，截至 2022 年年底，碳排放配额累计成交量 2.27 亿 t，全国碳市场累计成交额突破 100 亿元大关。水利部、国家发展改革委、财政部联合印发的《关于推进用水权改革的指导意见》（水资管〔2022〕333 号）明确了加快用水权初始分配和推进多种形式的用水权市场化交易、完善水权交易平台、强化监测计量和监管等重点任务，2022 年水权交易规模为 4 210 800.66 亿元，成交单数总量相较 2021 年大幅增长，但水权成交总量有所下降。

绿色税收制度建设加快推进。环境保护税收入规模保持稳定，2022 年环境保护税征收额为 211 亿元，比上年增长 3.9%，占全国税收收入的 0.13%。水利部印发《2022 年水资源管理工作要点》，明确全面推开水资源税改革试点。进一步实施小微企业“六税两费”减免政策，2022 年 1 月 1 日至 2024 年 12 月 31 日，各地区可根据自己的实际情况和需要对增值税小规模纳税人、小型微利企业和个体工商户在 50%的税额幅度内给予减征“六税两费”。财政部、税务总局联合印发《资源综合利用产品和劳务增值税优惠目录（2022 年版）》（财政部　税务总局公告　2021 年第 40 号），进一步完善了资源综合利用的增值税优惠政策。《关于进一步加大增值税期末留抵退税政策实施力度的公告》（财政部税务总局公告 2022 年第 14 号），提出加大生态保护和环境治理等 6 个行业增值税期末留抵退税政策力度，并一次性退还制造业等行业企业存量留抵税额。《关于延长部分税收优惠政策执行期限的公告》（财政部 税务总局公告 2022 年第 4 号）提出延长污染防治第三方治理企业税收优惠政策至 2023 年 12 月 31 日。

绿色金融产品持续创新发展。绿色信贷市场保持高速增长，截至 2022 年第三季度末，本外币绿色贷款余额 20.9 万亿元，同比增长 41.4%，比上年年末高 8.4 个百分点，高于各项贷款增速 30.7 个百分点。绿色债券市场持续深入发展，截至 2022 年第三季度末，我国全市场绿色债券余额 1.26 万亿元，同比增长 23.7%。2022 年全市场发行绿色债券 4 834 亿元，绿色金融债券发行稳步增长，非金融企业绿色债券发行占比不断提升。生态环境部等九部门联合印发《关于公布气候投融资试点名单的通知》（环气候函〔2022〕59 号），确定了北京市密云区、通州区，河北省保定市等 23 个地区入选气候投融资试点，探索一批气候投融资发展模式。中国人民银行印发《关于做好 2022 年金融支持全面推进乡村振兴重点工作的意见》强调中国人民银行各分支机构要积极运用碳减排支持工具，引导金融机构加大对符合条件的农村地区风力发电、太阳能和光伏等基础设施建设的信贷支持。证监会印发金融行业标准《碳金融产品》（JR/T 0244—2022），在碳金融产品分类的基础上，明确碳金融产品实施要求。

环境市场政策全面推进。生态环境导向的开发（EOD）模式试点不断扩大。生态环境部、国家发展改革委、国家开发银行联合印发通知，同意 58 个项目开展第二批 EOD 模式试点工作，其中，第一批 36 个试点项目中已有 15 个项目获得金融机构授信或放贷支持。生态环境部制定《生态环保金融支持项目储备库入库指南（试行）》（环办科财〔2022〕

6号），旨在依托项目储备库加强与国家开发银行、中国农业发展银行等10余家金融机构对接，引导金融资金投向，精准支撑和服务重大生态环保项目融资。生态环境治理领域仍是PPP优先领域，截至2022年11月，生态建设和环境保护新入库项目投资额384亿元，在行业类别中排名第5，仅次于交通运输、市政工程、城市综合开发和林业类。污染防治与绿色低碳项目投资占比超30%，PPP模式的推进极大地提高了生态环保行业市场化程度，拓宽了环保产业发展空间。国家发展改革委等部门印发《关于加快推进城镇环境基础设施建设指导意见的通知》提出支持建设100家左右深入推行环境污染第三方治理示范园区，遴选一批环境污染第三方治理典型案例，总结推广成熟有效的治理模式。

生态产品价值实现探索不断深入。浙江、江苏、青海、山西、广东、贵州等省级行政区陆续出台建立健全生态产品价值实现机制实施方案，积极探索生态产品价值实现路径，不断完善生态产品价值实现机制试点建设。山东省筛选22个地区纳入省级建立健全生态产品价值实现机制试点，开展“必选动作+自选动作”模式。国家发展改革委和国家统计局联合印发《生态产品总值核算规范（试行）》，明确了生态产品总值核算的指标体系、具体算法、数据来源和统计口径。多地积极推进自然资源资产负债表编制，福建省作为全国首个国家生态文明试验区，出台了《福建省自然资源资产负债表编制制度（试行）》，明确核算内容包括土地资源、林木资源、水资源、矿产资源和海洋资源等。生态环境损害赔偿制度建设持续推进，生态环境部联合最高人民法院、最高人民检察院等13家单位共同印发了《生态环境损害赔偿管理规定》，明确了部门任务分工、地方党委和政府职责，对案件线索筛查、案件管辖、索赔启动、损害调查、鉴定评估、索赔磋商、司法确认、赔偿诉讼、修复效果评估等重点工作环节作出明确细化的规定，进一步规范了生态环境损害赔偿工作。

行业环境经济政策蓬勃发展。环境信息依法披露持续推进，生态环境部办公厅印发《企业环境信息依法披露格式准则》（环办综合〔2021〕32 号），对年度环境信息依法披露报告和临时环境信息依法披露报告的内容与格式进行了规定。地方确定了包含 8.5 万家企业的环境信息依法披露企业名单，对名单实行动态更新并及时向社会公开。生态环境部印发 2022 年《国家先进污染防治技术目录（水污染防治领域）》，公示了水污染防治领域的 38 项水污染防治技术，涉及城镇及农村生活污水、工业企业及园区废水等多个水污染治理领域。生态环境部印发《国家重点推广的低碳技术目录（第四批）》，明确了包括节能及提高能效类技术，非化石能源类技术，燃料及原材料替代类技术，工艺过程等非二氧化碳减排类技术，碳捕集、利用与封存类技术，碳汇类技术 6 类共 35 项低碳技术。

总体来看，环境经济政策为深入打好污染防治攻坚战持续提供动力保障，有效支撑服务高质量发展，助推美丽中国建设。一是环境经济政策改革面临新的挑战与创新空间。在“双碳”目标的大背景下，环境经济政策范围进一步拓展，涵盖了减污降碳协同、促进实现“双碳”目标。欧盟碳边境调节机制等国际碳减排政策的新形势也对我国在基于 WTO 国际贸易规则框架下如何发挥市场经济政策手段作用及有效应对提出了新诉求。美丽中国建设起步，污染防治攻坚战深入推进，生态环境质量持续改善，协同推进高质量发展与高水平保护、进一步打通生态产品价值转换的政策“堵点”等，对环境经济政策的创新与应用提出了更高的要求，为环境经济政策的发展与实践探索提供了前所未有的机遇与挑战。二是环境经济政策体系逐步健全。绿色税收、绿色金融等多项环境经济政策改革稳步推进，生态补偿、碳交易等政策在探索深化，促进了生态产品价值实现，广泛吸引了社会资本，为生态环境保护提供了长效机制和资金保障，为结构调整和全面绿色发展转型提供了动力。三是重点领域环境经济政策改革与创新进一步深化。中央财政持续加大生态环境资金的投入，推动突出生态环境问题解决，发挥了重要的资金投入引导和市场拉动效应，促进了生态环境保护产业的发展。生态补偿制度探索不断深化，成为生态产品价值实现机制的重要举措。环境权益交易制度改革持续推进，全国碳排放权市场正式启动，水能、用能权制度建设不断完善，交易量和交易规模进一步扩大。绿色金融政策支持绿色发展和生态环境保护力度前所未有，EOD 模式等新型生态环境治理项目融资模式在探索前行，环境信息依法披露工作取得里程碑进展。四是关键环节环境经济政策调节作用进一步加强。生态环境资源价格改革不断深入，水价、电价等相关价格政策取得积极进展，污水处理收费机制不断完善，非居民厨余垃圾处理计量收费制度开始推进，城镇生活垃圾收费政策进一步完善。稳步推进绿色税收制度和绿色金融政策建设，各类绿色金融产品不断推新，为绿色产业发展奠定坚实基础。环保、能效、水效“领跑者”制度进一步制定与落实，引导激励积极开展技术创新、清洁生产、污染治理，助推长效绿色发展。

虽然我国财税、补贴、补偿、金融等环境经济政策在生态环境保护工作中发挥的作用越来越显著，生态环境开发、利用保护和改善的市场经济政策长效机制在逐步健全，但是与“双碳”战略、结构调整、质量改善、多元治理等需求依然存在差距，包括政策供给不足，经济政策未充分实现对生态环境开发利用、保护和改善的全方位调控，支撑服务全面绿色低碳发展转型的政策供给力度不足等。随着我国生态环境保护工作的不断深入推进，多阶段、多领域、多类型的生态环境问题交织，需要更加强调环境经济政策的科学性、经济性和制度化建设，需要进一步理顺行政和市场手段这两只“看得见的手”和“看不见的手”之间的关系，加大环境经济政策创新力度，实施系统设计、综合调控、集成应用，在环境治理体系和治理能力现代化建设中发挥重要作用。

Executive Summary

The year 2022 marked the momentous convening of the 20th National Congress of the Communist Party of China, as well as a pivotal year for the implementation of the 14th Five-Year Plan (2021-2025) for national economic and social development. Amidst the evolving landscape of environmental economic policy innovation and reform, unprecedented challenges and opportunities have emerged for the development of such policies. Policies such as ecological conservation compensation, environmental rights trading, green finance, and market-based environmental pollution governance have gained significant traction. The environmental economic policy framework has been continuously refined, driving forward ecological civilization and continuous improvement of environmental quality. Its role in modernizing ecological civilization governance systems and capabilities has been increasingly highlighted, supporting the comprehensive transition towards green and low-carbon macroeconomic development and achieving the goal of building a beautiful China.

This year's "Report on the Development of China's Environmental Economic Policies" adopts a "bottom-up" approach to conduct a systematic evaluation of the progress made in environmental economic policies throughout the year. The evaluation covers ten key environmental economic policies in place in China, including environmental finance, environmental pricing, ecological compensation, environmental rights, and other related areas. These policies are assessed in a categorized manner to provide an annual overview of the evolving trends in environmental economic policies.

The environmental and fiscal policies stepped up support and played a bigger role in steering environmental protection forward. The total investment in environmental pollution control saw a rise from 665.42 billion yuan in 2010 to 949.18 billion yuan in 2021. However, the proportion to GDP remained low, dropping from 1.9% in 2010 to 0.8% in 2021, indicating a downward trend. The central government was committed to beefing up investment in eco-environmental protection. In 2022, the central fiscal investment in this sector grew by 15% compared to 2020. Specifically, 23.58 billion yuan was earmarked for water pollution control, 29.88 billion yuan for air pollution control, 4.4 billion yuan for soil pollution control, and 4 billion yuan for rural environmental improvement. These funds are targeted at keeping our skies blue, waters clear, and lands clean, tackling prominent environmental issues. The environmental subsidy policies are also shifting their focuses to involve areas like eco-friendly electricity pricing, new energy vehicles, "dual substitution" subsidies, and green agriculture subsidies. In 2022, the central government allocated 6.72 billion yuan in subsidies for renewable energy electricity prices. However, the subsidy policy for new energy vehicle purchases ended on December 31, 2022.

Environmental resource pricing reform gained ground. To further refine our electricity pricing policies, the grid parity policy has been extended for newly approved onshore wind power projects, centrally registered photovoltaic power stations, and distributed photovoltaic projects for industrial and commercial use. It enabled to voluntarily participate in market-based transactions to determine their grid prices. Moreover, time-of-use pricing mechanism was in place to encourage users towards peak cut. Localities introduced specific measures or implementation rules for urban water supply pricing mechanisms, steadily advancing comprehensive reforms in agricultural water pricing. Many places adjusted wastewater treatment fees. The average wastewater treatment fee in 36 key cities nationwide is 1.02 yuan per cubic meter, only meeting the minimum standard set by the national government (0.95 yuan per cubic meter). The government also released the "Director of Government-Priced Operational Service Fees (2022 Edition)", which adjusted environmental protection fees in 31 provinces, municipalities, and regions.

The reform of the ecological protection compensation system made significant strides in China. Yellow River Protection Bill of the People's Republic of China stipulates the establishment and improvement of an ecological protection compensation system in the Yellow River Basin, encouraging and supporting local governments along the upstream, downstream, left and right banks, as well as the trunk and tributaries, to adopt various forms of horizontal ecological protection compensation. Regulation Governing Ecological Protection Compensation has been included in the legislative work plan of the State Council and is currently under legislative review by the Ministry of Justice. The horizontal ecological protection compensation mechanisms for major rivers like the Yangtze and Yellow Rivers have been on a fast track, with allocations of 2 billion yuan, 1 billion yuan, and 600 million yuan in 2022's water pollution prevention and control funds to support the construction of such mechanisms in the entire Yangtze River, Yellow River basins and other river basins like the Tingjiang River-Hanjiang River, Dongjiang River, and the Luanhe-Tianjin Water Diversion Project respectively. Efforts have also been made to accelerate the establishment of a horizontal ecological protection compensation mechanism in the Taihu Lake Basin. Many localities have issued implementation opinions to deepen the reform of the ecological protection compensation system, exploring market-oriented and diversified compensation mechanisms. In 2022, the central government allocated 99.2 billion yuan in transfer payments to key ecological functional areas, focusing on subsidizing key ecological counties, regions with significant ecological functions, the Yangtze River Economic Belt, and areas where poverty alleviation efforts were being consolidated and expanded in tandem with rural revitalization. Based on the results of ecological environment quality monitoring and evaluation, adjustments in transfer payments were made to 53 counties classified as "average" and "significantly" performing to reward or penalize. The third round of grassland ecological protection subsidy and reward policies continued to be effective, with greater investments and an expanded scope.

Environmental rights trading reform made headway. Pilot Program on Proxy Mechanisms for Ownership of Nationally Owned Natural Resource Assets was introduced, which allowed to pilot the delegated ownership of eight categories of natural resource assets, including natural ecological spaces. Remarkable milestones have been reached in the pollution rights trading pilot, with such trials getting off the ground or ongoing in 28 regions.

The carbon emissions trading in the first performance cycle has yielded impressive results, with a basic framework for the national carbon market up and running, and key obstacles and headaches addressed. Moreover, the price discovery mechanism began to do wonders. As of the end of 2022, 227 million tons of carbon emission quota were traded, with total transaction volumes exceeding the RMB 10 billion mark. Guiding Opinions of Ministry of Water Resources, National Development and Reform Commission, and Ministry of Finance on Promoting the Reform of Water Rights (Water Resource Management [2022] No. 333) outlined key tasks such as accelerating the initial allocation and clarification of water rights, fostering diversified forms of market-based transactions of water rights, improving water rights trading platforms, and stepping up monitoring, measurement, and supervision. In 2022, the scale of water rights trading reached RMB 421,080.066 billion, with a significant increase in the total number of transactions compared to 2021, and a slight decline in the total volume of water rights transacted.

The green tax system construction picked up speed, with the revenue scale of environmental protection tax remaining stable. In 2022, a total of 21.1 billion yuan of environmental protection tax was collected, representing a 3.9% year-on-year increase and accounting for 0.13% of the national tax revenue. Notice of the General Office of Ministry of Water Resources on Printing and Issuing the Key Points of Water Resources Management in 2022 (Asset Management of the Office of the Ministry of Water Resources [2022] No. 25) explicitly highlighted the promotion of a comprehensive pilot reform for water resource tax. The policy of reducing or exempting "six taxes and two fees" for small and micro enterprises has been further implemented. From January 1, 2022, to December 31, 2024, regions can offer a 50% or less reduction on these taxes and fees for small-scale VAT taxpayers, small low-profit enterprises, and individually-owned businesses, tailored to their specific conditions and needs. Ministry of Finance and State Taxation Administration jointly issued the Catalog of VAT Incentives for Comprehensive Utilization of Resources and Services (2022 Edition) (Announcement No. 40, 2021), enhancing VAT incentives for comprehensive resource utilization. Announcement on Further Strengthening the Implementation of VAT Credit Refund Policies (MOF and SAT Announcement No. 14, 2022) proposed a policy push for VAT credit refund for six industries, including ecological protection and environmental governance, and refunding outstanding credits of manufacturing and other industries in full. Announcement on Extending the Implementation Period of Some Tax Incentive Policies (MOF and SAT Announcement No. 4, 2022) proposed to extend the tax incentive policies for third-party pollution prevention and control enterprises until December 31, 2023.

Green financial products continued to push its boundary of innovation. The green credit market has been in high gear, with domestic and foreign currency green loan balances soaring to 20.9 trillion yuan by the third quarter of 2022, representing a year-on-year increase of 41.4%. This growth rate was 8.4 percentage points higher than the end of the previous year and exceeded the growth rate of loans by 30.7 percentage points. The green bond market continued to gain momentum, reaching a total outstanding balance of 1.26 trillion yuan by the end of the third quarter of 2022, a year-on-year increase of 23.7%. In 2022, the market saw a total issuance of 483.4 billion yuan in green bonds, with a steady rise in green financial bond issuance and an increasing proportion of green bonds issued by non-financial enterprises. Ministry of Ecology and Environment, with eight other departments, jointly issued Notice on Publishing the List of Climate Investment and Financing Pilots (Environmental Climate Letter [2022] No. 59), identifying 23 places, including Beijing's Miyun and Tongzhou districts and Baoding in Hebei Province, as pilots to explore various climate investment and financing models. Opinions of the People's Bank of China on Financial Support for Comprehensively Advancing Rural Revitalization in 2022 (No. 74[2022] of the People's Bank of China) underscored that PBOC branches should harness carbon emission reduction support tools to steer financial institutions towards increased credit support for qualified rural infrastructure projects, such as wind power, solar energy, and photovoltaics. Additionally, China Securities Regulatory Commission introduced the financial industry standard Carbon Financial Products (JR/T 0244-2022), which clarified the implementation requirements for carbon financial products based on their classification.

Market policies for environmental pollution control have been in full swing. The eco-environment-oriented development (EOD) mode pilots continued to expand. Ministry of Ecology and Environment, along with National Development and Reform Commission and China Development Bank, jointly issued a notice that approved 58 projects for the second batch of the EOD mode pilot program. Notably, 15 of the initial 36 pilot projects have secured credit or loan support from financial institutions. Ministry of

Ecology and Environment formulated the Guidelines for the Entry of Eco-Environmental Protection Financial Support Project Reserve Database (Trial) (Science, Technology & Finance Department of Environmental Protection Office [2022] No. 6), aimed to leverage the project reserve database to strengthen the connection with more than ten financial institutions such as China Development Bank and the Agricultural Development Bank of China, guide financial capital investment, and support the financing of major eco-environmental protection projects. Eco-environmental governance remained a priority for PPP initiatives. By November 2022, investments in new ecological construction and environmental protection projects in the project reserve database totaled 38.4 billion yuan, ranking fifth among industry categories, only behind transportation, municipal engineering, urban comprehensive development, and forestry. Furthermore, investments in pollution prevention and control, and green and low-carbon projects, exceeded 30%. The advancement of PPP model catalyzed more market-driven development of the eco-environmental protection industry, putting the sector in a better position to grow. The General Office of the State Council disseminated Notice of the National Development and Reform Commission and Other Departments Regarding the Acceleration of Urban Environmental Infrastructure Construction, advocating for the establishment of approximately 100 third-party demonstration parks dedicated to environmental pollution treatment. Additionally, it aimed to cherry-pick a series of exemplary cases of third-party environmental pollution management, thereby summarizing and promoting proven and effective governance models.

The exploration for realizing the value of ecological products has been deepened. Provinces like Zhejiang, Jiangsu, Qinghai, Shanxi, Guangdong, and Guizhou successively rolled out implementation plans to establish and refine mechanisms for realizing the value of ecological products. They actively sought out pathways to achieve this value and constantly optimized the pilot construction of the value formation mechanism for ecological products. Shandong, for instance, selected 22 regions to take part in provincial-level pilot, employing a combined model of mandatory and discretionary initiatives. Trial Specification for Gross Ecological Product (GEP) Accounting, jointly issued by National Development and Reform Commission and the National Bureau of Statistics, clearly outlined the index system, calculation methods, data sources, and statistical standards for GEP accounting. Many regions actively moved forward the development of natural resource balance sheets. Fujian Province, as the first national ecological civilization pilot zone, introduced the Natural Resource Balance Sheet Compilation System, specifying that the accounting scope covered land, forest, water, mineral, and marine resources. Compensation system for eco-environmental damage was also well underway. Ministry of Ecology and Environment, alongside 14 other organizations including the Supreme People's Court and the Supreme People's Procuratorate, jointly issued the Regulations on the Management of Compensation for Eco-Environmental Damage, clarifying the division of responsibilities among departments, the responsibilities of local CPC committees and governments, and providing detailed provisions on key processes such as screening of case clues, jurisdiction, claim initiation, damage investigation, appraisal and evaluation, negotiation on claims, judicial confirmation, compensation litigation, and restoration effect evaluation to further standardize compensation for eco-environmental damage.

Environmental economic policies across industries flourished. Legal disclosure of environmental information gained momentum. Ministry of Ecology and Environment issued the Guidelines for the Legal Disclosure of Corporate Environmental Information (MEE Office No. 32 [2021]), which set out the content and format for both annual and ad-hoc environmental information disclosure reports. Local authorities identified a list of 85,000 enterprises that disclosed environmental information in accordance with the law, subject to dynamic update and made publicly available. Additionally, MEE released 2022 National Catalog of Advanced Pollution Control Technologies for Water Pollution Prevention, highlighting 38 technologies that covered various aspects of water pollution control, including urban and rural domestic sewage, industrial wastewater, and wastewater from industrial parks. Moreover, MEE published the Fourth Batch of the Catalog of Key Low-Carbon Technologies for Promotion, specifying 35 technologies across six categories: energy conservation and efficiency enhancement, non-fossil energy, fuel and raw material substitution, non-CO_2 emission reduction (such as process improvements), carbon capture, utilization and storage, and carbon sequestration.

Overall, environmental economic policies provide a consistent driving force for the intensive efforts to combat pollution, effectively supporting high-quality development and accelerating the quest to build a beautiful China. **Firstly, environmental economic policies reform face new**

challenges yet hold immense potential for innovation. In the context of the dual-carbon goals, the scope of these policies has broadened to include collaborative efforts in pollution reduction and carbon mitigation, and achieving carbon peaking and neutrality. The new landscape in international carbon reduction policies, such as the EU's Carbon Border Adjustment Mechanism, requires China to respond by effectively leveraging market-based economic policies under the WTO's international trade framework. As the construction of a beautiful China has gotten off the ground, pollution control efforts have made progress, eco-environmental quality becomes better, high-quality development and high-level protection go hand in hand, policy issues that get in the way of value conversion for ecological products have been addressed, it raises the bar for the innovation and application of environmental economic policies. This also presents unprecedented opportunities and challenges for the evolution and practical exploration of these policies. **Secondly, the environmental economic policy framework is sounder.** Steady reforms in green taxation, green finance, and other environmental economic policies, coupled with the exploration and enhancement of policies like ecological compensation and carbon trading, have propelled the realization of ecological product values, attracting vast social capital. In this way, it provides long-term mechanisms, secures capital for environmental protection, and drives structural adjustment and comprehensive green development transformation. **Thirdly, environmental economic policies reform and innovation in critical sectors continue to advance.** The central government continuously steps up financial support for eco-environmental initiatives, helping navigate prominent issues and playing a big role in guiding capital investments and stimulating market activity. As a result, these efforts contribute to the growth of the environmental protection industry. The exploration of the ecological compensation system has gained momentum, emerging as a pivotal measure for realizing the value of ecological products. Additionally, the reform of the environmental rights and interests trading system has been consistently advanced, marked by the official launch of the national carbon emissions trading market, the continual refinement of water rights and energy use rights systems, and a substantial expansion in trading volume and scale. Green financial policies have provided unprecedentedly robust support for green development and ecological conservation. Meanwhile, innovative financing models for environmental projects, such as the EOD model, have groped forward, and significant milestones have been achieved in the disclosure of environmental information as required by law. **Fourthly, the regulatory impact of environmental and economic policies in crucial areas has been significantly amplified.** We have witnessed deepening reforms in the pricing of ecological and environmental resources, marked by positive strides in water and electricity pricing policies. The sewage treatment fee mechanism has been refined, and the implementation of a metering and charging system for non-residential food waste disposal has hit the ground running. Additionally, the urban domestic waste collection fee policy has undergone further refinement. The green tax system and green financial policies have been steadily advanced, with diverse innovative green financial products rolled out to pave the way for green industries development. Furthermore, “pace-setter” system for environmental protection, energy efficiency, and water efficiency has been put in place, channeling efforts into technological innovation, clean production, and pollution control, ultimately driving sustainable green development.

Although environmental and economic policies such as fiscal policy, taxation, subsidies, compensation, and financial policies are playing an increasingly important role in environmental protection, long-term mechanisms for market-based economic policies in the development, utilization, protection, and improvement of the environment are sounder, there remains a gap between our current policies and the demands of the dual carbon strategy, structural adjustments, quality improvements, and diversified governance. This gap is primarily due to insufficient policy supply, a lack of comprehensive regulation over the utilization, protection, and improvement of the environment, and inadequate support for a comprehensive green and low-carbon transition. As China's eco-environmental protection efforts advance, and the complex issues spanning multiple stages, sectors, and types intertwine, it requires a sharper focus on the scientific, economic, and institutional development of environmental economic policies. Balancing the "visible hand" of administrative measures with the "invisible hand" of market mechanisms, we must push the boundary of policy innovation, adopt systematic design, comprehensive regulation, and integrated application, thereby playing a pivotal role in modernizing environmental governance systems and capabilities.

目录

目录

目录

目录

1

环境经济政策发展形势研判

1.1 当前形势

2022 年是党和国家历史上具有重要意义的一年。党的二十大于 2022 年 10 月 16 日至 22 日在北京举行。这是在全党全国各族人民迈上全面建设社会主义现代化国家新征程、向第二个百年奋斗目标进军的关键时刻召开的一次十分重要的大会，是一次高举旗帜、凝聚力量、团结奋进的大会。党的二十大报告指出，要推进美丽中国建设，坚持山水林田湖草沙一体化保护和系统治理，统筹产业结构调整、污染治理、生态保护、应对气候变化，协同推进降碳、减污、扩绿、增长，推进生态优先、节约集约、绿色低碳发展。

复杂多变的国际局势为环境经济政策发展带来挑战。2022 年是国际格局和形势自冷战以来发生最剧烈动荡和变化的一年。大国博弈急速冲高，地缘冲突空前激烈。美国对中国的政治、安全、经济的打压强度空前上升，中美关系发生实质性变化。能源危机、粮食危机和经济危机等全球性危机出现，逆全球化思潮、民粹主义、保守主义上升。面对重重危机，2022 年《联合国气候变化框架公约》第二十七次缔约方大会（COP27）和《生物多样性公约》第十五次缔约方大会（COP15）顺利召开。国际气候变化形势和能源格局对我国能源安全战略形成持续考验，我国以煤炭为主的能源结构难以在短期内根本改变，散煤燃烧、煤炭加工转换率不高等问题仍将存在，环境贸易政策、环境价格政策等环境经济政策亟须更充分地发挥激励作用。

稳中求进的国家经济发展总基调为深化环境经济政策改革提供动力引擎。受新冠疫情冲击，百年变局加速演进，我国经济发展面临“需求收缩、供给冲击、预期转弱”三重压力，我国在扎实做好“六稳”“六保”工作的同时生态环境质量绝不能下降，这给环境经济政策制定带来了一定压力，需要应对形势变化做出灵活调整，更需要明确符合时代特性的环境经济政策改革思路与方向。我国经济稳中向好、长期向好的基本面没有改变，韧性足、潜力大、空间广的特点没有改变。2022 年，我国经济稳中有进，经济总量达到 121.02 万亿元，扩大内需战略深入实施，内需对经济贡献率达到 79.1%，构成了我国经济稳如磐石的坚实底座，环境经济政策运用经济手段打通生产与消费之间的通道，为国家经济社会发展营造良好环境。

生态文明和美丽中国建设对环境经济政策运用提出迫切需求。推进美丽中国建设所触及的生态环境矛盾问题层次更深、领域更广，要求也更高，减污与降碳、城市与农村、$PM_{2.5}$ 与臭氧、水环境治理与水生态保护、新污染物治理与传统污染物防治等工作交织，问题更加复杂，难度和挑战前所未有。我国生态补偿、绿色金融、环境资源价格、环境市场等政策取得积极进展，为生态文明建设与生态环境质量持续改善提供了重要推动力，充分支撑服务了宏观经济全面绿色低碳发展转型，在生态文明治理体系和治理能力现代化中的地位和作用更加凸显。但是我国生态环境保护和美丽中国建设依然面临多种形势叠加，协同推进经济高质量发展和生态环境高水平保护要求更加迫切，生态文明建设和生态环境保护仍处于攻坚克难、负重前行的关键期，美丽中国建设和生态文明建设对环境经济政策改革创新提出新需求，环境质量持续改善对环境经济政策改革创新提出新挑战，环境经济政策体系建设尚需要通过改革创新再上新台阶。

1.2 存在的主要问题

目前，环境经济政策在生态环境保护和美丽中国建设工作中的动力作用还有待强化，与生态环境质量持续改善、产业结构深入调整、充分发挥多元治理主体功能等现代环境治理与生态文明建设需求依然存在政策供给不足，经济政策未充分实现对生态环境开发利用、保护和改善的全方位高效调控，政策调节效能还存在较大潜力空间，政策统筹实施与配套能力建设有待进一步加强等的问题。目前生态环境保护管理工作以行政手段为主，市场机制不健全，造成环境外部成本不具有经济性。生态补偿、绿色金融等环境经济政策尚不健全。

一是生态环境财政支出水平和支出效率尚待提升。财政投入总量与生态环境治理资金需求之间仍有很大差距，新冠疫情对经济社会冲击仍在加深，环保投入资金保障的压力趋大。环境投资统计口径亟须适应生态环境保护工作新进展，生态文明建设还需要进一步调整完善。二是环境资源价格制度有待进一步理顺。资源稀缺价值、污染治理成本没有充分体现在水价政策制定目标中，价格工具的环境行为调节功能发挥不到位。三是生态保护补偿政策有待进一步完善。横向补偿需要进一步加强，市场化、多元化补偿机制有待进一步突破，补偿标准有待进一步科学量化。生态补偿实施的法律基础还没有解决，仍存在包括生态保护红线在内的空间生态补偿机制不健全，补偿范围偏小、标准偏低，保护者和受益者良性互动的体制机制尚不完善，发展权益公平导向的可持续生态补偿长效机制不完善等问题。四是环境权益交易制度需要进一步激发活力。自然资源产权政策存在产权交易定价、准入和分配机制不完整等问题。排污权交易试点工作局限于省市层面，导致市场规模有限，交易市场的活跃性不够。碳市场存在结构、碳交易产品类型单一，信息披露、市场监管机制不健全，配额分配方式和配额方法不完善等问题。用能权交易依然存在跨区域交易机制不顺畅，企业能源统计和核算方法不统一，用能权存量交易实施难度大等问题。五是环境保护税的调节激励作用有待进一步发挥，环境保护税调控范围较窄、调控力度不足；资源税收费标准过低，对生态环境成本考虑不足，增值税优惠条件较为严苛，消费税征收范围过窄，难以有效调控消费行为。六是绿色金融在支撑实现“双碳”目标、持续推进生态环境质量改善中还面临诸多困境，标准有待完善，市场回报机制不健全，绿色金融产品有待创新。七是环境污染治理市场政策尚未健全。社会资本在参与环境保护的招标和审查过程中存在门槛过高问题，无法大规模参与生态环境保护高技术领域投资等。EOD 模式行业跨度大，生态环境治理修复和生态网络构建需要专业的环保机构完成，其模式应用还需要进一步深入。

1.3 小结

总体来看，环境经济政策为深入打好污染防治攻坚战持续提供动力保障，有效支撑服务高质量发展，助推美丽中国建设。

一是环境经济政策体系逐步健全。绿色税收、绿色金融等多项环境经济政策改革稳步推进，生态补偿、碳交易等政策在探索深化，促进了生态产品价值实现，广泛吸引了社会资本，为生态环境保护提供了长效机制和资金保障，为结构调整和全面绿色发展转型提供了动力。

二是重点领域环境经济政策改革与创新进一步深化。中央财政持续加大生态环境资金的投入，推动突出生态环境问题解决，发挥了重要的资金投入引导和市场拉动效应，促进了生态环境保护产业的发展。生态补偿制度探索不断深化，成为生态产品价值实现机制的重要举措。环境权益交易制度改革持续推进，全国碳排放权市场正式启动，水能、用能权制度建设不断完善，交易量和交易规模进一步扩大。绿色金融政策支持绿色发展和生态环境保护力度前所未有，EOD 模式等新型生态环境治理项目融资模式在探索前行，环境信息依法披露工作取得里程碑式进展。

三是关键环节环境经济政策调节作用进一步加强。生态环境资源价格改革不断深入，水价、电价等相关价格政策取得积极进展，污水处理收费机制不断完善，非居民厨余垃圾处理计量收费制度开始推进，城镇生活垃圾收费政策进一步完善。稳步推进绿色税收制度和绿色金融政策建设，各类绿色金融产品不断推新，为绿色产业发展奠定坚实基础。环保、能效、水效“领跑者”制度进一步制定与落实，引导激励积极开展技术创新、清洁生产、污染治理，助推长效绿色发展。

四是环境经济政策改革面临新的挑战与创新空间。在“双碳”目标的大背景下，环境经济政策范围进一步拓展，涵盖了减污降碳协同、促进实现“双碳”目标等。国际上碳减排政策的新形势也对我国在基于 WTO 国际贸易规则框架下如何发挥市场经济政策作用以有效应对气候变化提出了新诉求。美丽中国建设起步，污染防治攻坚战深入推进，生态环境质量持续改善，协同推进高质量发展与高水平保护、进一步打通生态产品价值转换的政策“堵点”等，对环境经济政策的创新与应用提出了更高的要求，为环境经济政策的发展与实践探索提供了前所未有的机遇与挑战。

同时，虽然我国财税、补贴、补偿、金融等环境经济政策在生态环境保护工作中发挥的作用越来越显著，生态环境开发利用、保护和改善的市场经济政策长效机制在逐步健全，但与“双碳”目标、结构调整、质量改善、多元治理等需求依然存在差距，包括政策供给不足，经济政策未充分实现对生态环境开发利用、保护和改善的全方位调控，支撑服务全面绿色低碳发展转型的政策供给力度不足等。随着我国生态环境保护工作的不断深入推进，多阶段、多领域、多类型的生态环境问题交织，需要更加强调环境经济政策的科学性、经济性和制度化建设，需要进一步理顺行政和市场这两只“看得见的手”和“看不见的手”之间的关系，加大环境经济政策创新力度，实施系统设计、综合调控、集成应用，在环境治理体系和治理能力现代化建设中发挥重要作用。

2 绿色财政政策

近年来，我国生态环境治理财政支出不断增加，环境补贴、绿色财政等政策不断优化，环境财政体系建设取得突破性进展，加快了我国生态文明建设步伐。但当前我国生态环境仍面临巨大的压力与挑战，财政投入总量与环境治理资金需求之间仍有很大差距，亟待建立生态环境保护财政投入的动态增长机制，完善生态环境事权和支出责任相适应的制度，进一步发挥财政政策激励约束作用，推进生态环境高水平保护。

2.1 环保预算支出

节能环保预算支出执行数总体呈下降趋势。2022 年 3 月，财政部公布 2022 年中央本级支出预算说明，2022 年中央本级支出预算数为 35 570 亿元，较 2021 年执行数增加 1 349.35 亿元，增长 3.9%。节能环保支出预算数为 125.43 亿元，较 2021 年执行数减少 137.81 亿元，下降 52.4%；较 2020 年执行数减少 66.89 亿元，下降 34.8%。其中，天然林保护、可再生能源、能源管理事务、其他节能环保支出等预算数减少较多，较 2021 年执行数分别减少 12.56 亿元、16.34 亿元、40.95

亿元、82.30 亿元，分别下降 41.0%、43.4%、57.7%、99.9%，主要是天然林保护 2021 年执行中追加的一次性支出较多、可再生能源相关支出资金调整转列为政府性基金预算，基本建设支出以及一次性支出减少较多。能源节约利用、污染减排的预算数分别较 2021 年执行数增加了 17.97 亿元、0.08 亿元，分别增长 271.5%、0.4%，主要是部分一次性支出增加和基本建设支出增加（图 2-1）。

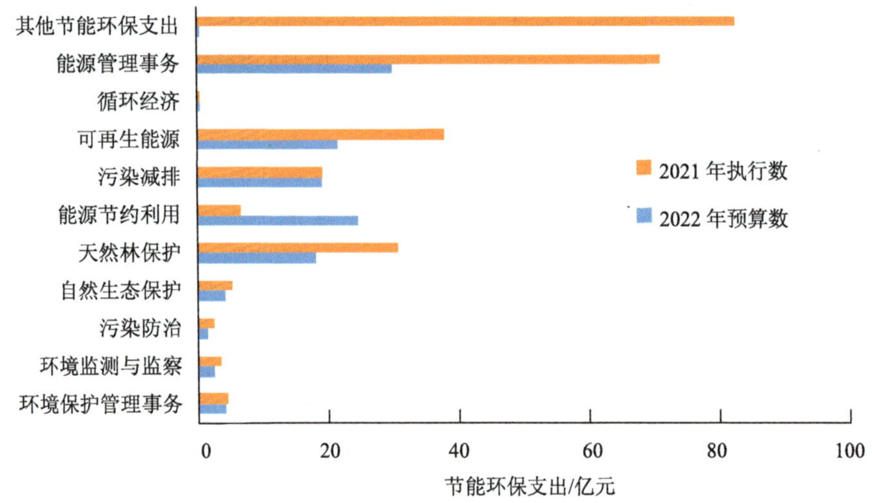

图 2-1　2022 年节能环保支出预算情况

数据来源：财政部《关于 2022 年中央本级支出预算的说明》。

2.2　环境污染治理投资

环境污染治理投资较“十三五”末减少，占国内生产总值（GDP）比重持续降低。持续而稳定的环保投入为各项环保工作的有效推进提供了有力的基础与保障。2021 年，全国环境污染治理投资总额为 9 491.8 亿元，占 GDP 的比重为 0.8%，较“十三五”末降低 0.2 个百分点。其中，城镇环境基础设施建设投资为 6 578.3 亿元，较“十三五”末减少 263.9 亿元，下降了 4%；工业污染源治理投资为 335.2 亿元，较“十三五”末减少 119.0 亿元，下降了 26%；建设项目竣工验收环保投资为 2 578.3 亿元，较“十三五”末减少 764.2 亿元，下降了 23%（图 2-2）。

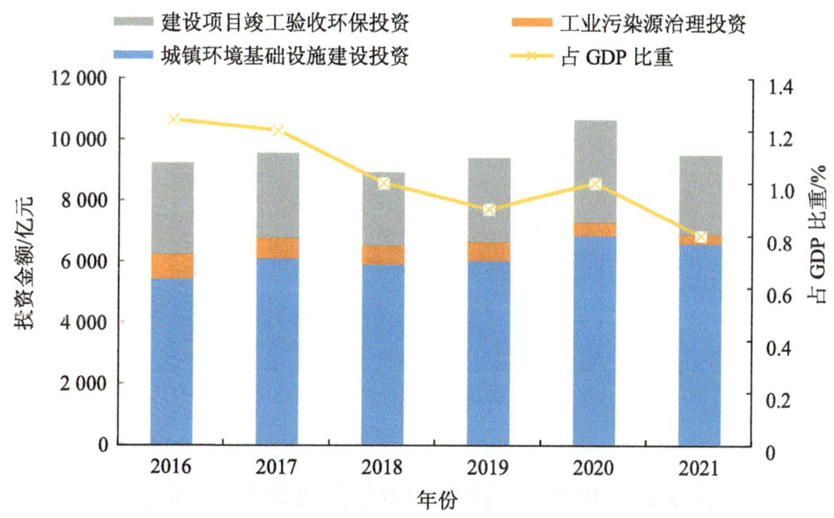

图 2-2　2016—2021 年环境污染治理投资情况

2.3　环保专项资金

2016 年以来，水污染防治专项资金总体呈增加趋势，2022 年中央财政安排水污染防治专项资金 235.8 亿元，较上年增加 18.8 亿元，增长了 9%；比“十三五”末增加 38.8 亿元，增长了 20%（图 2-3）；其中，江苏、江西、重庆增幅较大，同比分别增长了 77%、52%、51%；海南、北京、天津降幅较大，同比分别下降了 65%、62%、58%（表 2-1）。专项资金重点支持流域水污染治理、流域水生态保护修复、集中式饮用水水源地保护、地下水生态环境保护、水污染防治监管能力建设等生态环境保护工作。2022 年，地表水质量持续向好，3 641 个国家地表水考核断面中，水质优良（Ⅰ～Ⅲ类）断面比例为 87.9%，同比上升 3 个百分点；劣Ⅴ类断面比例为 0.7%，同比下降 0.5 个百分点；全国十大流域主要江河的水质逐年好转；饮用水水源地水质稳中向好，地下水水质保持稳定。

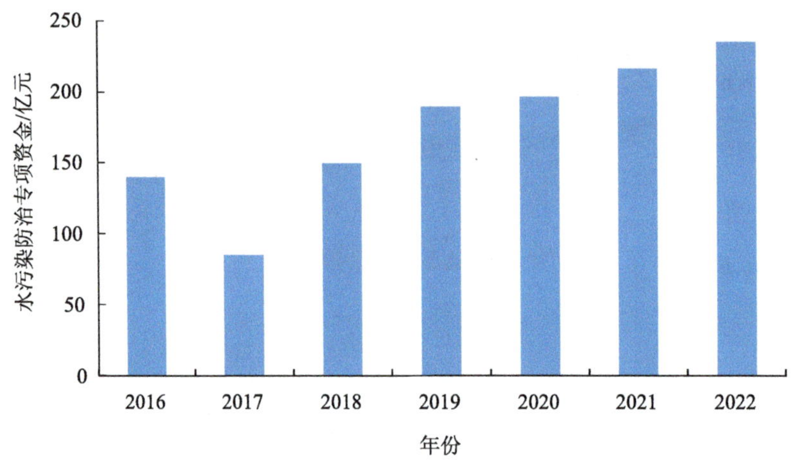

图 2-3　2016—2022 年水污染防治专项资金情况

表 2-1　2022 年各地区（单位）水污染防治专项资金情况

序号	地区（单位）	2022 年资金数/亿元	同比变化/%
1	北京	0.81	−62
2	天津	0.55	−58
3	河北	6.14	−24
4	山西	10.84	−10
5	内蒙古	6.46	7
6	辽宁	3.96	27
7	吉林	2.77	21
8	黑龙江	3.08	0

序号	地区（单位）	2022 年资金数/亿元	同比变化/%
9	上海	2.00	—
10	江苏	10.00	77
11	浙江	5.85	1
12	安徽	9.34	−4
13	福建	4.04	11
14	江西	17.83	52
15	山东	8.57	−5
16	河南	10.94	9
17	湖北	15.18	2
18	湖南	17.29	49
19	广东	5.10	24
20	广西	3.85	16
21	海南	0.72	−65
22	重庆	5.25	51
23	四川	15.94	26
24	贵州	7.28	0
25	云南	7.84	−24
26	西藏	5.81	−18
27	陕西	13.24	24
28	甘肃	9.09	27
29	青海	19.80	−6
30	宁夏	3.62	−24
31	新疆	2.55	−12
32	新疆生产建设兵团	0.06	—

注：此表源自《财政部关于下达 2022 年水污染防治资金预算的通知》《财政部关于下达 2022 年水污染防治资金预算（第二批）的通知》。

2016 年以来，大气污染防治专项资金逐年增加，2022 年中央财政安排大气污染防治专项资金 298.8 亿元，较上年增加 23.5 亿元，增长了 9%；比“十三五”末增加 48.5 亿元，增长了 19%（图 2-4）；其中，海南、内蒙古、宁夏、吉林、黑龙江、青海增幅较大，同比分别增长了 360%、227%、227%、207%、134%、126%；浙江、山西、上海降幅较大，同比分别下降了 56%、54%、40%（表 2-2）。专项资金重点支持北方地区冬季清洁取暖、工业污染深度治理、能力建设等重点工作，推动产业结构、能源结构不断优化调整，促进全国环境空气质量持续改善。2022 年，空气质量稳中向好，全国 339 个地级及以上城市 $PM_{2.5}$ 平均浓度为 29 μg/m^3，同比下降 3.3%；PM_{10} 平均浓度为 51 μg/m^3，同比下降 5.6%；优良天数比例为 86.5%，超过时序进度 0.9 个百分点；重污染天数比例首次降到 1%以内，达到 0.9%。但臭氧的平均浓度仍在继续上升，达 145 μg/m^3，同比上升 5.8%，主要为氮氧化物和挥发性有机物等前体物质的排放和高温、光照等气象条件的影响。

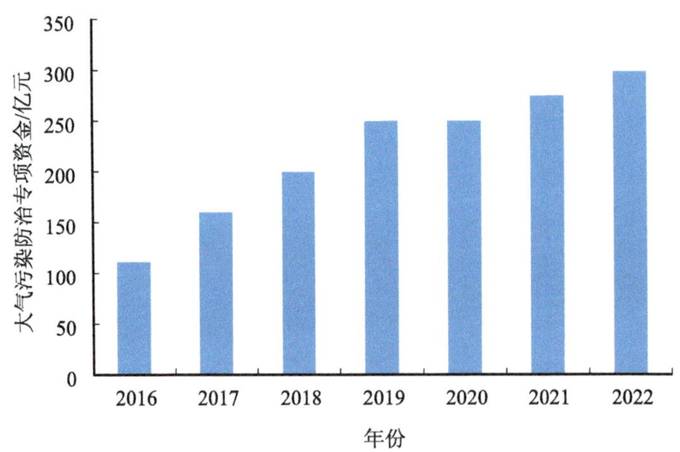

图 2-4　2016—2022 年大气污染防治专项资金情况

表 2-2　2022 年各地区（单位）大气污染防治专项资金情况

序号	地区（单位）	2022 年资金数/万元	同比变化/%
1	北京	1 598	−19
2	天津	1 855	14
3	河北	3 940	−26
4	山西	2 647	−54
5	内蒙古	105 641	227
6	辽宁	107 087	112
7	吉林	105 724	207
8	黑龙江	81 813	134
9	上海	1 765	−40
10	江苏	2 885	−6
11	浙江	3 073	−56
12	安徽	2 048	−19
13	福建	1 852	55
14	江西	2 119	0
15	山东	109 813	−10
16	河南	51 207	−18
17	湖北	2 343	1
18	湖南	2 064	5
19	广东	2 780	46
20	广西	1 769	13
21	海南	1 367	360
22	重庆	1 291	−29
23	四川	2 216	7
24	贵州	1 161	36

序号	地区（单位）	2022 年资金数/万元	同比变化/%
25	云南	1 588	15
26	西藏	76	66
27	陕西	2 014	−14
28	甘肃	73 525	96
29	青海	81 094	126
30	宁夏	105 433	227
31	新疆	26 333	21
32	新疆生产建设兵团	24 879	—

注：此表源自《财政部关于下达 2022 年度大气污染防治资金预算（第二批）的通知》。

2016 年以来，土壤污染防治专项资金呈波动下降，2022 年中央财政安排土壤污染防治专项资金 44 亿元，与上年持平；比“十三五”末增加 4 亿元，增长了 10%（图 2-5）；其中，浙江、广东、湖北增幅较大，同比分别增长了 482%、136%、131%；黑龙江、吉林、青海降幅较大，

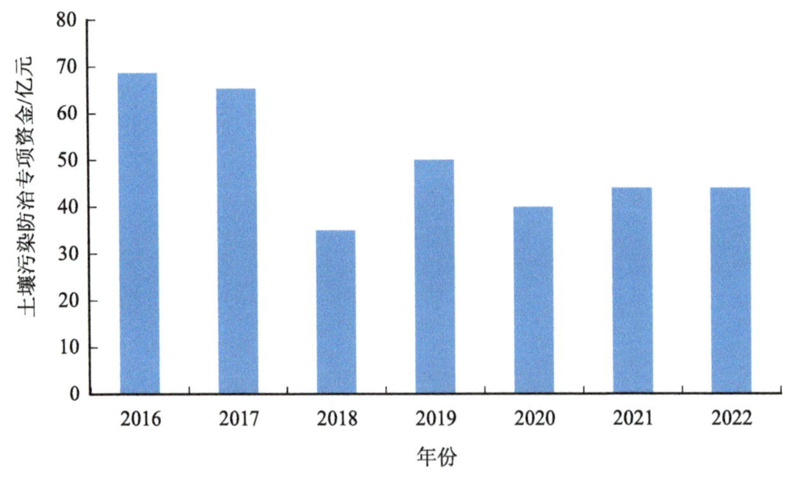

图 2-5　2016—2022 年土壤污染防治专项资金情况

同比分别下降了 92%、90%、81%（表 2-3）。专项资金重点支持土壤污染源头防控、土壤污染风险管控、土壤污染修复治理等工作；对设立省级土壤污染防治基金和 “无废城市”试点建设考核排名前 5 的地方给予奖励；对绩效评价结果、资金执行率靠后，审计查出问题的相关省级行政区相应扣减资金。

表 2-3　2022 年各地区（单位）土壤污染防治专项资金情况

序号	地区（单位）	2022 年资金数/万元	同比变化/%
1	北京	2 997	−17
2	天津	7 571	−50
3	河北	15 059	−25
4	山西	7 505	58
5	内蒙古	8 780	3
6	辽宁	5 553	−53
7	吉林	412	−90
8	黑龙江	342	−92
9	上海	2 511	−54
10	江苏	19 488	63
11	浙江	15 575	482
12	安徽	9 045	30
13	福建	10 125	1
14	江西	15 479	−23
15	山东	14 515	−36
16	河南	12 788	−37
17	湖北	18 587	131

序号	地区（单位）	2022 年资金数/万元	同比变化/%
18	湖南	95 932	91
19	广东	17 329	136
20	广西	34 842	−29
21	海南	1 432	−40
22	重庆	11 937	−4
23	四川	19 032	−31
24	贵州	21 693	46
25	云南	29 309	−33
26	西藏	2 955	5
27	陕西	15 820	1
28	甘肃	11 006	59
29	青海	3 052	−81
30	宁夏	1 726	−56
31	新疆	7 402	18
32	新疆生产建设兵团	201	—

注：此表源自《财政部关于下达 2022 年土壤污染防治资金预算的通知》。

2022 年中央财政安排农村环境整治专项资金 40 亿元，较上年增长 11%，比“十三五”末增长 11%。农村环境整治专项资金自 2008 年成立，截至 2021 年年底，中央财政安排专项资金 609 亿元，其中 2021 年中央财政安排专项资金 36 亿元，与上年持平（图 2-6）。专项资金重点支持建制村环境综合整治任务、饮用水水源地保护、农村生活污水和垃圾处理、畜禽养殖污染防治以及农村黑臭水体治理试点等工作；对上一年度绩效评价结果靠后省级行政区相应扣减资金，对评价结果靠前省级行政区给予奖励；对资金执行率靠后以及项目监督检查存在问题的省级行政区相应扣减资金（表 2-4）。

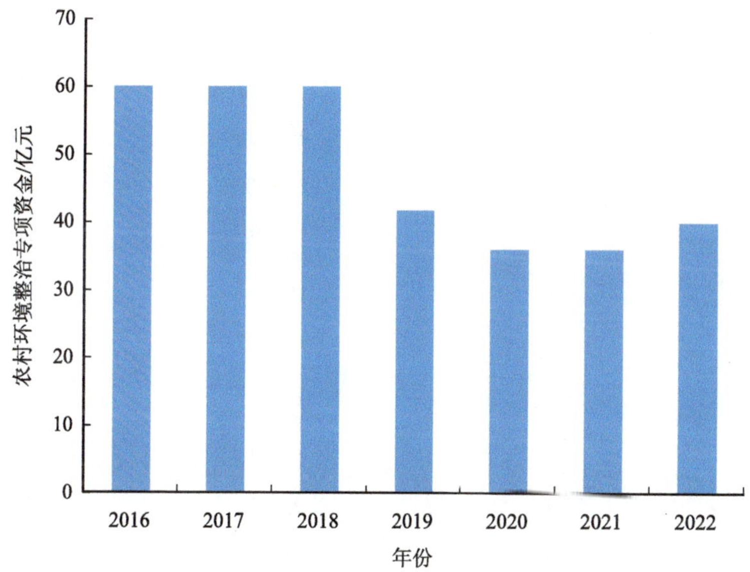

图 2-6　2016—2022 年农村环境整治专项资金情况

表 2-4　2022 年各地区（单位）农村环境整治专项资金情况

序号	地区（单位）	2022 年资金数/万元	同比变化/%
1	北京	1 859	15
2	河北	36 697	9
3	山西	14 172	40
4	内蒙古	7 802	30
5	辽宁	11 651	330
6	吉林	5 202	−4
7	黑龙江	9 771	81
8	江苏	7 954	5

序号	地区（单位）	2022 年资金数/万元	同比变化/%
9	安徽	12 255	23
10	福建	13 641	51
11	江西	16 811	0
12	山东	56 421	−11
13	河南	25 068	27
14	湖北	24 175	14
15	湖南	15 868	13
16	广东	21 572	14
17	广西	6 741	25
18	海南	4 500	−20
19	重庆	8 684	20
20	四川	23 872	5
21	贵州	10 679	0
22	云南	20 218	0
23	西藏	8 532	0
24	陕西	12 132	0
25	甘肃	6 549	10
26	青海	7 966	0
27	宁夏	572	—
28	新疆	7 782	0
29	新疆生产建设兵团	854	—

注：此表源自《财政部关于下达 2022 年农村环境整治资金预算的通知》。

2.4 环境补贴政策

2.4.1 环保电价补贴政策

可再生能源补贴拨付地方金额总体减少。2021 年 11 月，财政部印发《关于提前下达 2022 年可再生能源电价附加补助地方资金预算的通知》，向山西、内蒙古、吉林、浙江、湖南、广西、重庆、四川、贵州、云南、甘肃、青海、新疆等 13 个省（区、市）提前拨付 2022 年度可再生能源电价附加补助资金 38.7 亿元。2022 年 6 月，财政部印发《关于下达 2022 年可再生能源电价附加补助地方资金预算的通知》，再次下达 27.5 亿元可再生能源电价附加补助资金，此次下达地方增加了新疆生产建设兵团。两次下达的均是地方电网公司范围内的可再生能源补助（国家电网与南方电网范围内的补助另外单独下达），共计 67.2 亿元，其中风电补贴 30.2 亿元，光伏补贴 36.3 亿元，生物质补贴 6 896 万元。

在拨付可再生能源补贴资金时，不同类型的项目按不同的优先级发放：①优先足额拨付项目：国家光伏扶贫项目、自然人分布式项目［至 2022 年年底（50 kW 及以下装机规模的）］、公共可再生能源独立系统项目（至 2021 年年底）、2019 年采取竞价方式确定的光伏项目、2020 年起采取“以收定支”原则确定的符合拨款条件的新增项目（至 2021 年年底）；②付补贴资金的 50%的项目：国家确定的光伏“领跑者”项目和地方参照中央政策建设的村级光伏扶贫电站项目，优先保障拨付项目至 2021 年年底应付补贴资金的 50%；③付补贴资金的 30%～40%的项目：对于其他发电项目，按照各项目至 2021 年年底应付补贴资金，采取等比例方式拨付，可满足 30%～40%的补贴资金需求的项目。

2.4.2 新能源补贴政策

新能源汽车购置补贴政策终止。自 2010 年起，购买新能源汽车可以享受单车 4 800 元至 12 600 元不等的国家新能源车购置补贴。12 年来，中国新能源车市场在补贴等支持政策的推动下逐渐走向成熟。2021 年 12 月 31 日，财政部、工业和信息化部、科技部、国家发展改革委联合发布了《关于 2022 年新能源汽车推广应用财政补贴政策的通知》，明确了不同类型、不同领域车辆产品的补贴标准，自 2022 年 1 月 1 日起执行（表 2-5～表 2-7）；并明确 2022 年 12 月 31 日新能源汽车购置补贴政策终止，之后上牌的车辆不再给予补贴。

2.4.3 "双替代"补贴政策

中央财政进一步扩大北方地区冬季清洁取暖支持范围。自 2017 年起，财政部、住房和城乡建设部、环境保护部（生态环境部）、国家能源局（以下简称四部门）联合启动中央财政支持北方地区冬季清洁取暖试点，到 2022 年分五批共支持 88 个城市开展工作，相关地区清洁能源结构不断优化，大气环境质量得到大幅改善，取暖方式干净省心，老百姓生活质量得到显著提升，群众获得感、满足感不断增强。2022 年 2 月，四部门联合印发《关于组织申报 2022 年北方地区冬季清洁取暖项目的通知》，进一步扩大北方地区冬季清洁取暖支持范围，对纳入支持范围的城市给予清洁取暖改造定额奖补，连续支持 3 年，每年奖补标准为省会城市 7 亿元、一般地级市 3 亿元，计划单列市参照省会城市标准。2022 年 4 月，四部门联合发布《2022 年北方地区冬季清洁取暖拟支持项目名单公示》，新增 25 个项目受到 2022 年大气污染防治资金支持（表 2-8）。

表 2-5　2022 年新能源乘用车补贴方案

单元：万元

<table>
<tr><th>车辆类型</th><th colspan="3">非公共领域</th><th colspan="3">公共领域</th></tr>
<tr><td rowspan="2">纯电动乘用车</td><td>$300 \leqslant R < 400$</td><td>$R \geqslant 400$</td><td>$R \geqslant 50$（NEDC 工况）/ $R \geqslant 43$（WLTC 工况）</td><td>$300 \leqslant R < 400$</td><td>$R \geqslant 400$</td><td>$R \geqslant 50$（NEDC 工况）/ $R \geqslant 43$（WLTC 工况）</td></tr>
<tr><td>0.91</td><td>1.26</td><td>—</td><td>1.3</td><td>1.8</td><td>—</td></tr>
<tr><td>插电式混合动力（含增程式）乘用车</td><td colspan="2">—</td><td>0.48</td><td colspan="2">—</td><td>0.72</td></tr>
<tr><td colspan="4">1. 纯电动乘用车单车补贴金额=Min{里程补贴标准，车辆带电量×280元}×电池系统能量密度调整系数×车辆能耗调整系数。
2. 对于非私人购买或用于营运的新能源乘用车，按照相应补贴金额的0.7 倍给予补贴。
3. 补贴前售价应在 30 万元以下（以机动车销售统一发票、企业官方指导价等为参考依据，“换电模式”除外）</td><td colspan="3">1. 纯电动乘用车单车补贴金额=Min{里程补贴标准，车辆带电量×396 元}×电池系统能量密度调整系数×车辆能耗调整系数。
2. 对于非私人购买或用于营运的新能源乘用车，按照相应补贴金额的 0.7 倍给予补贴。
3. 补贴前售价应在30万元以下（以机动车销售统一发票、企业官方指导价等为参考依据，“换电模式”除外）</td></tr>
</table>

注：R 为纯电动续驶里程，单位为 km。

表 2-6　2022 年新能源客车补贴标准

<table>
<tr><th rowspan="3">车辆类型</th><th colspan="7">非公共领域</th><th colspan="7">公共领域</th></tr>
<tr><th rowspan="2">中央财政补贴标准/[元/(kW·h)]</th><th colspan="3" rowspan="2">中央财政补贴调整系数</th><th colspan="3">中央财政单车补贴上限/万元</th><th rowspan="2">中央财政补贴标准/[元/(kW·h)]</th><th colspan="3" rowspan="2">中央财政补贴调整系数</th><th colspan="3">中央财政单车补贴上限/万元</th></tr>
<tr><th>6 m<L≤8 m</th><th>8 m<L≤10 m</th><th>L>10 m</th><th>6 m<L≤8 m</th><th>8 m<L≤10 m</th><th>L>10 m</th></tr>
<tr><td rowspan="3">非快充类纯电动客车</td><td rowspan="3">280</td><td colspan="3">单位载质量能量消耗量/[(W·h)/（km·kg）]</td><td rowspan="3">1.4</td><td rowspan="3">3.08</td><td rowspan="3">5.04</td><td rowspan="3">360</td><td colspan="3">单位载质量能量消耗量/[(W·h)/（km·kg）]</td><td rowspan="3">1.8</td><td rowspan="3">3.96</td><td rowspan="3">6.48</td></tr>
<tr><td>0.18（含）～0.17</td><td>0.17（含）～0.15</td><td>0.15及以下</td><td>0.18（含）～0.17</td><td>0.17（含）～0.15</td><td>0.15及以下</td></tr>
<tr><td>0.8</td><td>0.9</td><td>1</td><td>0.8</td><td>0.9</td><td>1</td></tr>
<tr><td rowspan="3">快充类纯电动客车</td><td rowspan="3">504</td><td colspan="3">快充倍率</td><td rowspan="3">1.12</td><td rowspan="3">2.24</td><td rowspan="3">3.64</td><td rowspan="3">648</td><td colspan="3">快充倍率</td><td rowspan="3">1.44</td><td rowspan="3">2.88</td><td rowspan="3">4.68</td></tr>
<tr><td>3～5C（含）</td><td>5～15C（含）</td><td>15C以上</td><td>3～5C（含）</td><td>5～15C（含）</td><td>15C以上</td></tr>
<tr><td>0.8</td><td>0.9</td><td>1</td><td>0.8</td><td>0.9</td><td>1</td></tr>
</table>

	非公共领域							公共领域						
车辆类型	中央财政补贴标准/[元/(kW·h)]	中央财政补贴调整系数			中央财政单车补贴上限/万元			中央财政补贴标准/[元/(kW·h)]	中央财政补贴调整系数			中央财政单车补贴上限/万元		
					6 m<L≤8 m	8 m<L≤10 m	L>10 m					6 m<L≤8 m	8 m<L≤10 m	L>10 m
插电式混合动力（含增程式）客车	336	节油率水平			0.56	1.12	2.13	432	节油率水平			0.72	1.44	2.74
		60%～65%（含）	65%～70%（含）	70%以上					60%～65%（含）	65%～70%（含）	70%以上			
		0.8	0.9	1					0.8	0.9	1			
单车补贴金额=Min{车辆带电量×单位电量补贴标准；单车补贴上限}×调整系数（包括：单位载质量能量消耗量系数、快充倍率系数、节油率系数）								单车补贴金额=Min{车辆带电量×单位电量补贴标准；单车补贴上限}×调整系数（包括：单位载质量能量消耗量系数、快充倍率系数、节油率系数）						

注：L 为车身长度，单位为 m;

C 为充放电倍率。

表 2-7　2022 年新能源货车补贴标准

车辆类型	非公共领域				公共领域			
	中央财政补贴标准/[元/（kW·h）]	中央财政单车补贴上限/万元			中央财政补贴标准/[元/（kW·h）]	中央财政单车补贴上限/万元		
		N1 类	N2 类	N3 类		N1 类	N2 类	N3 类
纯电动货车	176	1.01	1.96	2.8	252	1.44	3.96	3.96
插电式混合动力（含增程式）货车	252	—	1.12	1.76	360	—	1.44	2.52

表 2-8　2022 年北方地区冬季清洁取暖拟支持项目名单

序号	地区（单位）	城市（单位）
1	内蒙古	呼和浩特市
2		乌兰察布市
3		巴彦淖尔市
4	辽宁	沈阳市
5		盘锦市
6		营口市
7	山东	青岛市
8		枣庄市
9		东营市
10	宁夏	银川市
11		中卫市
12		固原市
13	吉林	长春市
14		吉林市
15		白山市
16	甘肃	临夏回族自治州
17		金昌市
18		武威市
19	青海	西宁市
20	黑龙江	齐齐哈尔市
21		哈尔滨市
22	河南	商丘市
23		周口市

序号	地区（单位）	城市（单位）
24	新疆	昌吉回族自治州
25	新疆生产建设兵团	新疆生产建设兵团（第七师、第八师、第十三师）

注：此表源自财政部、住房和城乡建设部、生态环境部、国家能源局发布的《2022 年北方地区冬季清洁取暖拟支持项目名单公示》。

2.4.4 绿色农业补贴政策

中央财政继续支持开展轮作休耕工作。自 2016 年启动实施耕地轮作休耕制度试点以来，试点规模不断扩大，区域不断拓展，成效逐步显现，初步探索了有效的组织方式、技术模式和政策框架。2022 年，中央财政继续支持开展轮作休耕工作，每亩①补助 150 元，主要在东北地区、黄淮海地区、长江流域、北方农牧交错区和西北地区开展粮、棉、油等轮作模式，以及开发冬闲田扩种冬油菜；支持在西北、黄淮海、西南和长江中下游等适宜地区开展大豆、玉米带状复合种植；休耕每亩补助 500 元，主要在河北、新疆地下水超采区。

东北黑土地保护性耕作差异化补助。自 2020 年实施《东北黑土地保护性耕作行动计划（2020—2025 年）》以来，实践经验成果不断丰富。2022 年，东北四省（区）实施保护性耕作 8 000 万亩，并结合实际对农业生产经营主体开展秸秆覆盖免（少）耕播种作业给予补助。其中，黑龙江、吉林、辽宁实施差异化补助。黑龙江将玉米茬保护性耕作共分 3 档：第一档为秸秆少量覆盖，地表播种前秸秆覆盖率在 30%以内，春季免（少）耕播种，补助 20 元/亩；第二档为秸秆部分覆盖，地表播种前秸秆覆盖率在 30%（含）～60%，补助 35 元/亩；第三档为秸秆大量覆

① 1 亩=1/15 hm^2。

盖，地表播种前秸秆覆盖率在60%（含）以上，补助60元/亩，提高了农民的积极性。吉林省按照玉米秸秆覆盖量划分3个档次进行补贴：秸秆覆盖量60%以上每亩补助不超过100元，秸秆覆盖量30%～60%的每亩补助不超过80元，秸秆覆盖量在30%以下的每亩补助不超过40元。辽宁省根据秸秆覆盖地表程度原则上可分为3档实施差异化作业补助：第一档为秸秆少量覆盖，地表播种前有秸秆覆盖，覆盖率在30%以内，补助不高于38元/亩；第二档为秸秆部分覆盖，地表播种前秸秆覆盖率在30%～60%，补助不高于58元/亩；第三档为秸秆大量覆盖，地表播种前秸秆覆盖率在60%及以上，补助不高于90元/亩。

地方继续加大对秸秆综合利用补贴力度。黑龙江省出台《2022年黑龙江省秸秆综合利用工作实施方案》，完善扶持政策，持续提升秸秆综合利用水平，明确对秸秆还田作业补贴每亩25～40元；对秸秆离田利用补贴每吨20～30元，单个项目补贴上限不超过400万（有的项目不超过600万元）；开展秸秆全量利用试点，秸秆部分还田作业可按不超过全量还田标准的80%给予补贴，离田部分的秸秆可享受离田利用补贴；对重点地区集中购置安装户用生物质炉具，改造或新建生物质锅炉进行补贴；建设20个秸秆综合利用重点县，每个重点县补贴资金35万元。江苏省农业农村厅印发《关于做好2022年全省秸秆机械化还田暨生态型犁耕深翻还田工作的通知》，开展生态型犁耕深翻还田试点。经设区市申请，结合试点工作绩效，批准扬州市、徐州市作为整体推进试点市，支持全省46个县（市、区）开展犁耕深翻还田作业试点，下达的试点犁耕深翻作业计划面积省级按40元/亩测算。

2.5 政府绿色采购政策

自2004年开始实施政府绿色采购政策以来，绿色采购范围逐步扩大，政策措施和执行机制不断完善。2022 年 4 月，国务院办公厅印发了《关于进一步释放消费潜力促进消费持续恢复的意见》，提出要完善政府绿色采购标准，加大绿色低碳产品采购力度。2022 年 5 月，财政部发布《财政支持做好碳达峰碳中和工作的意见》，要求完善政府绿色采购政策，加大强制采购、优先采购节能环保产品力度，建立健全政府采购需求标准体系，推广绿色建筑和绿色建材应用，支持重点产品绿色采购。为加大绿色低碳产品采购力度，全面推广绿色建筑和绿色建材，财政部办公厅、住房和城乡建设部办公厅、工业和信息化部办公厅、国家市场监督管理总局办公厅于 2022 年 4 月联合发布《关于组织申报政府采购支持绿色建材促进建筑品质提升试点城市的通知》，决定扩大政府采购支持绿色建材促进建筑品质提升试点范围，启动新一批试点城市申报工作。

地方积极完善政府绿色采购政策。浙江省出台全国首个省级财政支持“双碳”实施意见，完善了政府绿色采购政策，包括积极支持绿色低碳（认证）产品采购，强化采购人主体责任。结合国家试点探索研究制定绿色建筑和绿色建材政府采购需求标准，推广应用绿色建材，推行绿色建造方式，大力发展钢结构等装配式建筑，促进建筑领域节能降碳。稳步推进公务用车新能源化，优先采购提供新能源汽车的租赁服务。海南省要求逐步扩大新能源汽车的政府采购比例，到 2030 年，全省全面禁止销售燃油汽车，由此，海南省成为我国第一个提出清洁能源化目标并给出时间表的省级行政区。江苏省将加大财政资金支持力度，整合设立全省碳达峰碳中和专项资金，设立省级投资基金，发挥政府专项债券政策支持作用，推行政府绿色采购机制。

2.6 小结

2.6.1 存在的问题

财政投入总量与环境治理资金需求之间仍有很大差距。虽然中央生态环境专项资金逐年增加，但环境污染治理投资减少，占 GDP 的比重减少，且依然占比过低，环境污染治理投资总额（包括城镇环境基础设施建设投资、工业污染源治理投资、建设项目竣工验收环保投资）占 GDP 的比重仅为 0.8%（2021 年）。“十四五”时期我国生态环境形势依然严峻，生态环境保护工作仍然处于攻坚期，历史欠账多，新的生态环境问题不断涌现，部分地区、部分领域生态环境问题依然突出，财政投入总量与生态环境治理资金需求之间仍有很大差距。

生态环境事权与支出责任有待进一步明确。我国各级财政的支出范围按照中央与地方政府的事权划分，因而生态环境财政投入也是由中央财政和地方财政分别给予支持。为了引导地方加大环境保护力度，中央层面设立大气污染防治、水污染防治、土壤污染防治、农村环境整治等覆盖各环境要素的专项资金，通过转移支付方式给予地方支持，但中央财政支持事项多以补助地方为主，承担的环境事权相对较少，尤其是跨区域生态环境保护等方面的事权还需加强。

2.6.2 发展方向

建立生态环境保护财政投入的动态增长机制。中央层面加大对水、大气、土壤生态环境质量改善显著以及生态系统修复保护成效显著地区的财政转移支付激励，加强对当前重点区域、重点流域、城市群以及水、大气、土壤、固体废物等环境短板领域的支撑，加强对跨区域、跨流域等重大规划实施、重大项目建设、重大政策实施、环境保护薄弱环节和领域等方面的引导。建立常态化稳定的资金来源渠道，加大政府生态环境投入规模和引导力度，将土地出让收益、一定比例的彩票公益金等用于生态环境保护，形成稳定的资金来源渠道，增强重大环保项目资金保障力度。

完善生态环境事权和支出责任相适应的制度。进一步理顺生态环境规划制度制定、生态环境监测执法、生态环境管理事务与能力建设、环境污染防治等方面中央与地方财政事权和支出责任。加强中央在长江、黄河等跨区域生态环境保护和治理方面的事权。按照财力与事权相匹配的原则，在进一步理顺中央与地方收入划分和完善转移支付制度改革中统筹考虑地方环境治理的财政需求。

建立基于环境绩效的财政资金分配机制。建立健全大气污染防治、水污染防治、土壤污染防治、农村环境整治等专项资金绩效评价制度，对财政专项资金支持的项目开展常态化的绩效评价，提高资金使用效益。建立基于绩效的专项资金分配机制与奖惩机制，在环境保护专项资金分配中建立竞争立项与因素分配相结合的资金分配方式，将项目实施成效与地方资金安排、项目投资补助额度、竞争立项等挂钩，建立联动机制，对超额完成治理目标的给予奖励，未完成目标的扣回财政资金或削减以后年度预算。

3 环境资源价格政策

我国建立了促进绿色发展价格机制，形成了一系列务实管用的政策措施，绿色价格改革已形成一定体系，这些政策改革有力地推动了节能减排和环境保护，在实现“双碳”目标上也将不断发挥协同作用。但环境资源价格政策改革仍存在问题，亟须进一步完善我国环境定价政策改革，健全污水处理费调整机制，完善生活垃圾收费政策。

3.1 水价政策

各地落实国家要求制定出台地方城镇供水价格机制及具体办法或实施细则。2020 年，《国务院办公厅转发国家发展改革委等部门关于清理规范城镇供水供电供气供暖行业收费促进行业高质量发展意见的通知》（国办函〔2020〕129 号），对加快完善供水价格机制提出明确要求。2021 年，国家发展改革委、住房和城乡建设部出台《城镇供水价格管理办法》和《城镇供水定价成本监审办法》，对完善城镇供水价格机制做出了框架性要求，同时要求各地制定出台具体办法或实施细则。2022 年以来，北京市、上海市、河北省、陕西省、广东省、海南省等省级行政区积极落实国家要求，出台本地城镇供水价格管理具体办法或实施细则，突出国家要求与本地实际相结合，完善城镇供水定价机制。如 2022 年 11 月，北京市发展改革委、财政局、水务局联合印发《北京市城镇供水价格管理实施细则》，明确了水费定价原则、方法、操作细则，在国家两个办法基础上，突出了北京市的特点：一是明确了“准许成本+合理收益”的定价原则。细化了城镇供水成本构成范围和核定准许收益的考虑因素；明确了可根据节约用水要求、社会承受能力、区域差别化发展等因素分用户类别核定供水价格。二是构建了“投资-价格-补贴”联动机制。明确对政府投资形成的资产不计提折旧、不给予收益；价格调整不到位导致供水企业难以达到准许收入的，由财政部门予以补偿。三是强化了节约用水管理。在用水环节，强化居民阶梯水价政策和非居民用水超定额累进加价政策，并鼓励再生水替代新水；在制水和配水环节，设立供水企业管网漏损率、自用水率等控制性指标，超标部分不计入定价成本。

国家稳步推进农业水价综合改革。2022 年 6 月，国家发展改革委、财政部、水利部、农业农村部联合印发《关于稳步推进农业水价综合改革的通知》（发改价格〔2022〕934 号），持续深入推进农业水价改革，安排部署 2022 年度工作任务。提出 2021 年全年新增农业水价改革实施面积超过 1.5 亿亩，累计达到 6 亿亩左右，截至 2021 年年底，北京、天津、上海、江苏、浙江、陕西等省级行政区已完成改革任务，山东、青海、甘肃等地改革进度已超过 80%；但部分省级行政区改革推进滞后，个别省级行政区改革进度尚不到 40%，约 1/3 省级行政区改革进度未过半。根据各地 2022 年改革实施计划，新增改革实施面积约 1.4 亿亩（各地计划新增改革实施面积见表 3-1）。2022 年，国家发展改革委、财政部、水利部、农业农村部将继续发挥重点联系制度作用，指导和支持改革进度较慢的省级行政区加快推进改革，国家发展改革委重点联系吉林省、广西壮族自治区、新疆生产建设兵团，财政部重点联系福建省、广东省、宁夏回族自治区，水利部重点联系河南省、湖南省、西藏自治区，农业农村部重点联系河北省、安徽省、海南省。

表 3-1　2022 年各地区（单位）计划新增改革实施面积　单位：万亩

序号	地区（单位）	2022 年计划新增改革实施面积	备注
1	北京市	0.0	持续巩固改革成果
2	天津市	0.0	持续巩固改革成果
3	河北省	910.0	
4	山西省	184.2	
5	内蒙古自治区	473.6	
6	辽宁省	107.0	
7	吉林省	700.0	
8	黑龙江省	1 400.0	
9	上海市	0.0	持续巩固改革成果
10	江苏省	0.0	持续巩固改革成果
11	浙江省	0.0	持续巩固改革成果
12	安徽省	1 004.8	
13	福建省	200.7	
14	江西省	800.0	
15	山东省	607.0	
16	河南省	1 500.0	
17	湖北省	633.8	
18	湖南省	1 150.0	
19	广东省	574.5	

序号	地区（单位）	2022 年计划新增改革实施面积	备注
20	广西壮族自治区	400.0	
21	海南省	25.5	
22	重庆市	128.9	
23	四川省	548.6	
24	贵州省	196.0	
25	云南省	520.0	
26	西藏自治区	100.0	
27	陕西省	0.0	持续巩固改革成果
28	甘肃省	139.0	
29	青海省	9.6	
30	宁夏回族自治区	587.0	
31	新疆维吾尔自治区	1 044.6	
32	新疆生产建设兵团	140.0	
	合计	14 084.7	

各地农业水价综合改革取得积极进展。2022 年，各地积极落实节水优先方针，以健全农业水价形成机制为核心，以提升农业用水效率为目标，深入推进农业水价综合改革，取得积极成效。如云南省发展改革委、财政厅、水利厅、农业农村厅根据国家要求，结合云南省农业水价综合改革推进情况，将国家下达全省年度改革任务 520 万亩调增至 797.76 万亩，分两批下达州（市）。全省全年共完成年度改革面积 679.14 万亩，超过国家下达计划新增改革实施面积 159.14 万亩，占国家下达改革任务的 130.6%，占省级下达改革任务数的 85.13%；累计实施改革面积 2 693.93 万亩，占全省总体改革面积任务数的 84.18%。2022 年 1 月，山西省水利厅、发展改革委、财政厅、农业农村厅联合印发《山西省

2022 年度农业水价综合改革实施计划》（晋水农水〔2022〕26 号），确定了 2022 年度农业水价综合改革目标；7 月 26 日，山西省水利厅、发展改革委、财政厅、农业农村厅联合下发《关于稳步推进农业水价综合改革的通知》（晋水农水〔2022〕169 号），推动各项改革任务落地见效，完成年度目标任务，促进全省农业节约用水。

专栏 3-1　云南省农业水价综合改革取得积极进展

（1）农业基础设施完善力度不断增强

2022 年，云南省共筹集省级以上资金 53.18 亿元，支持全省 480 万亩高标准农田建设（含高效节水灌溉 80 万亩）。继续支持 12 个中型灌区（81.5 万亩）开展节水配套改造，推进水利计量设施完善，为农业水价综合改革奠定基础，安排中央水利发展资金 0.75 亿元，支持各地开展农业水价综合改革。通过衬砌渠道、修建机耕机运道路，推广管灌、喷灌、微灌等方式发展节水灌溉，重点补齐水利灌溉和机耕道路不配套的基础设施短板，着力提高农田水资源利用率。全省全年 12 个大型灌区渠首分界点计量设施配套率达 100%，计划实施的 12 个重点中型灌区斗口以上供水计量设施安装率达 92%，全面夯实了农业水价综合改革的基础。

（2）“四项机制”建设取得明显进展

2022 年，云南省不断完善农业水价机制、工程管护机制、用水管理机制、节水奖励和精准补贴机制等“四项机制”。省发展改革委牵头修订农业水价综合改革联席会议制度，督促各州（市）加大农业水价政策制定和调整力度。截至 2022 年年底，全省 129 个县（市、区）中 112 个已完成农业水价制定或调整工作，12 个大型灌区中有 11 个灌区已完成农业水价调整，1 个灌区调价工作正在推进。省财政厅牵头印发《云南省农业水价综合改革精准补贴和节水奖励办法（试行）》，引导各地全面建立农业用水精准补贴和节约用水奖励机制。省水利厅牵头印发《云南省农业水价综合改革验收办法（试行）》，为农业水价综合改革验收提供政策依据。省农业农村厅制定项目工程建后管护措施，明确工程所有权属于项目区基层组织，鼓励使用权流转到龙头企业、农民合作社、家庭农场和种植大户等新型农业主体。

3.2 电价政策

调整新能源上网电价政策。2022 年 4 月，国家发展改革委价格司发布《关于 2022 年新建风电、光伏发电项目延续平价上网政策的函》，该通知提出：2021 年，我国新建风电、光伏发电项目全面实现平价上网，行业保持较快发展态势。为促进风电、光伏发电产业持续健康发展，2022 年，对新核准陆上风电项目、新备案集中式光伏电站和工商业分布式光伏项目（以下简称新建项目），延续平价上网政策，上网电价按当地燃煤发电基准价执行。新建项目可自愿通过参与市场化交易形成上网电价，以充分体现新能源的绿色电力价值。鼓励各地出台针对性扶持政策，支持风电、光伏发电产业高质量发展。各省、市、县级单位也陆续出台了风电、光伏的支持政策。

推动完善峰谷分时电价政策。根据《国家发展改革委关于进一步完善分时电价机制的通知》（发改价格〔2021〕1093 号）和《国家发展改革委关于进一步深化燃煤发电上网电价市场化改革的通知》（发改价格〔2021〕1439 号），为充分发挥分时电价信号作用，更好引导用户削峰填谷，促进新能源消纳，保障电力系统安全稳定经济运行，各地区就进一步完善分时电价机制有关事项发布相关通知。2022 年 12 月，上海市发展改革委印发《关于进一步完善我市分时电价机制有关事项的通知》，针对一般工商业及其他两部制、大工业两部制用电，夏季（7 月、8 月、9 月）和冬季（12 月、1 月）高峰时段电价在平段电价基础上上浮 80%，低谷时段电价在平段电价的基础上下浮 60%，尖峰时段电价在高峰电价的基础上上浮 25%。其他月份高峰时段电价在平段电价的基础上上浮 60%，低谷时段电价在平段电价的基础上下浮 50%。湖北、河南、江西、河北等省级行政区也陆续进行了新一轮峰谷分时电价机制调整。不同地方认定的电力高峰时段和浮动范围略有不同。例如，湖北认定每年用电高峰月份仅有 4 个月，但根据基础电价浮动比例系数，湖北夏季和冬季尖峰电价由上浮 80%调整为上浮 100%，低谷时段电价则由下浮 52%调整为下浮 55%。江西规定高峰时段电价上浮 50%，低谷时段电价下浮 50%，较此前上下浮动幅度扩大了 20%，尖峰时段电价在高峰时段电价的基础上上浮 20%。对于进行新一轮分时电价调整，各地均明确表示，这是为了充分发挥分时电价信号作用，引导用户削峰填谷，改善电力供需状况，保障电力系统安全稳定经济运行，服务以新能源为主体的新型电力系统建设，促进能源绿色低碳发展。

3.3 环境污染治理收费政策

重点城市居民生活污水处理平均价格呈上升趋势。截至 2022 年年底，全国 36 个重点城市平均污水处理费为 1.02 元/m^3，但该价格仅基本满足国家规定收费标准下限（0.95 元/m^3）。如深圳市污水处理费多年未调整，现行平均收费标准仅为 0.928 6 元/m^3，已远低于污水处理成本，导致深圳污水处理费收支缺口逐年增大，2020 年污水处理费支出已达 43.3 亿元，污水处理费征收额仅 14.8 亿元，财政承担补贴达 28.5

亿元。因此，亟须调整污水处理费收费标准，保障污水处理行业持续健康发展。2022 年 7 月，深圳市发展改革委、财政局发布《关于调整我市污水处理费有关问题的通知》，综合污水处理收费标准拟由现行的 0.928 6 元/m^3 调整到 1.343 9 元/m^3，涨幅为 44.7%。其中，居民类污水综合收费标准由 0.816 7 元/m^3 调整到 1.089 4 元/m^3，涨幅 33.4%，第一阶梯、第二阶梯、第三阶梯收费标准分别为 1.00 元/m^3、1.50 元/m^3、3.00 元/m^3，合表用户收费标准为 1.18 元/m^3；非居民类综合污水收费标准由 1.012 7 元/m^3 调整到 1.535 0 元/m^3，涨幅为 51.6%；特种用水收费标准由 1.8 元/m^3 调整到 3.00 元/m^3，涨幅为 66.7%。另外，不仅仅是深圳，多个城市的污水处理收费标准都做了调整，如吉林市人民政府办公室于 2022 年 5 月发布《关于调整城区污水处理收费标准的通知》，居民污水处理收费标准调整为 1.35 元/m^3，非居民污水处理收费标准调整为 2.10 元/m^3，特业污水处理收费标准调整为 3.60 元/m^3，特困户和低保户家庭污水处理收费标准调整为 0.80 元/m^3。淮安市发布的主城区城市非居民生活用水污水处理费收费标准由 1.12 元/m^3 调整为 1.40 元/m^3，相应地，非居民生活用水到户价做同步调整，由 3.45 元/m^3 调整为 3.73 元/m^3。居民生活用水、特种用水污水处理费收费标准以及居民生活用水、特种用水到户价不变。

持续深化垃圾收费政策改革。国家发展改革委于 2021 年 12 月发布《政府定价的经营服务性收费目录清单（2022 版）》（国家发展和改革委员会公告 2021 年第 8 号），目录清单中涉及广东、北京、天津、河北、山西、内蒙古、辽宁、吉林、黑龙江、上海、江苏、浙江等 31 个省级行政区的环保类别收费情况。2022 年 6 月，国家发展改革委通报广东、广西、云南、湖北等省级行政区积极完善生活垃圾收费征收方式，实行按“水消费量折算系数法”的收缴模式。该模式对不同类别的生活垃圾产生者进行分类，通过测算各类别用户垃圾产生量和用水量的对应关系，得出各类用户每用 1 t 水应缴的垃圾处理费，随水费一同收取。这些城市在采取该模式收缴生活垃圾处理费后，垃圾处理收费金额及收缴率大幅提高，征收成本明显下降。如广西钦州市生活垃圾处理年收取额由 2013 年的 317 万元提高到 2020 年的 1 602 万元，收缴率由 35.2%提高到 95%，征收成本年节约近 90 万元。2022 年 11 月，国家发展改革委等部门发布《关于加强县级地区生活垃圾焚烧处理设施建设的指导意见》（发改环资〔2022〕1746 号），明确指导各地建立健全生活垃圾收费制度，依法开征生活垃圾处理费，鼓励结合垃圾分类探索推进差别化收费政策，创新收缴方式，有效提升收缴率。

专栏 3-2　浙江省持续深化生活垃圾收费改革

近年来，浙江省从完善机制、鼓励创新、强化保障等方面入手，持续深化生活垃圾处理收费改革，促进垃圾分类和垃圾减量化、资源化、无害化处理。

一是完善机制，为完善生活垃圾收费制度提供政策指导。从 2002 年推行垃圾处理市场化，实行垃圾处理收费政策开始，针对执行过程中的新问题和新情况，浙江省不断完善垃圾处理收费制度，印发了《关于加快健全生活垃圾处理收费制度的通知》。借力美丽浙江建设、全域“无废城市”建设、生活垃圾分类等重点工作，将生活垃圾收费制度建设情况纳入各项重点工作的考核范围。

二是鼓励创新，为完善生活垃圾收费制度提供最佳实践。创新建立超定额累进加价制度，如杭州市率先对非居民生活垃圾处理实行超定额累进加价机制，以非居民用户 12 个月这一计费周期内产生的生活垃圾量为基准量，对超出基准量生活垃圾进行加价收费。创新推行差别化收费，部分市县在实施生活垃圾分类的区域，对未按照分类标准分别投放的单位或个人，在应收费用基础上根据分类质量另增收二次分类分拣费用；部分市县则将生活垃圾处理费与垃圾分类考核相挂钩，对非居民用户生活垃圾分类考核优秀的，收费标准可下浮不超过 15%；分类考核不合格的，生活垃圾处理收费标准可上浮不超过 15%。探索建立农村垃圾处理收费制度，如有的地方根据农村实际大力推行农村阳光堆肥房项目，并建立了“财政兜底、社会参与”的多元化资金筹集模式，同时分村设立“共建美丽家园维护基金”，资金来源主要是社会各界捐资和村民自愿缴纳卫生费。

三是强化保障，为完善生活垃圾收费制度提供执行支撑。积极引入市场化机制，将生活垃圾处理收费明确为经营服务性收费，并逐步开放垃圾处理业务，将原有的事业性环卫单位逐步改制成环卫企业，或将垃圾处理业务发包给企业经营。建立加强执法与实施优惠政策相统一机制，部分市县将企事业单位生活垃圾缴纳情况纳入公共信用信息平台。

资料来源：国家发展改革委官网，https://www.ndrc.gov.cn/fggz/jggl/dfgz/202206/t20220622_1327700.html.

3.4 小结

3.4.1 存在的问题

农业水价综合改革仍面临一些问题。一是水价形成机制仍待探索完善。目前，许多地区农业水价形成机制仍不完善，按亩计收或不收农业水费的情况仍然较多，农业水价标准总体偏低，仅占农业供水成本的

35%左右，农业灌排工程运行管理经费不足问题长期存在。二是农业用水精准补贴与节水奖励力度有待进一步加大。受农业比较收益较低、农民生产积极性下降等因素影响，农民对农业水价的心理承受能力相对较低，《关于推进农业水价综合改革的意见》明确提出要“建立农业用水精准补贴机制”，目前农业用水奖励和补贴投入资金不够，资金落实难度较大，补贴难以做到精准。

现行电价政策仍存在一些问题。一是各地现行分时电价机制已实施多年，存在时段划分不够准确、峰谷电价价差仍有拉大空间、尖峰电价机制尚未全面建立，以及分时电价缺乏动态调整机制、与电力市场建设发展衔接不够等问题，制约了分时电价对优化电力资源配置、促进绿色发展的引导作用，需要适应形势变化进一步加以完善。二是除了分时电价，差别电价、阶梯电价和惩罚性电价均未将二氧化碳排放及可再生能源作为加价因素考虑，不利于落实碳达峰碳中和的目标和任务。

环境污染治理收费政策尚不健全。一是污水处理收费价格机制有待调整。近年来，我国处于污水处理标准从 GB 18918 一级 B 提升至一级 A 的进程中，北京、天津、浙江等地的污水排放标准已经高于一级 A 标准，与地表水 GB 3838 Ⅳ类标准相当。随着提标改造的不断推进，污水处理成本倒挂的现象会越发严重，大部分城市的污水处理费难以满足更高标准的需求，很难满足企业的可持续发展。二是城市居民生活垃圾处理收费体制尚不完善。我国对生活垃圾的处理主要是依靠收取垃圾处理费来实现的，费用主要用于垃圾的收集、运输和处理。目前，垃圾处理费的征收主要依据的是政府的一般规范性文件，其效力远不如法律，征收效果并不理想。许多城市垃圾处理费征收标准过低，往往按照按户定额收费的模式，垃圾计量方式过于单一。这种无差别的收费方式难以激励垃圾的减量与分类、达到垃圾减量化，最终导致我国的垃圾治理进程缓慢，收取的费用也难以覆盖越来越高的垃圾处理成本。

3.4.2 发展方向

加快推进农业水价综合改革。一是优化农业水价综合改革顶层设计。注重自上而下对于政策的理解和贯彻的一致性，遵循“先机制、后落实”的原则，结合实际优化管理层级，对于农业灌溉区域大而集中的地区，可采取垂直管理等形式减少管理流程；对于农业灌溉区域小而分散的地区，可适当增加管理层级并建立定期联席会议制度，确保管理效率。二是根据各地区农业水价执行情况继续深化农业梯级水价研究，通过用水户承受能力等分析模式，探索开展农业水价分区管理，确保水价制定的合理性，并根据区域经济承受能力调整农业种植结构。三是建立农业水价评估补贴奖励机制。对不同的灌溉农田（粮食作物种植区）进行评估，根据评估结果实行差别化补贴政策，分档给予补贴，逐步引导用水管理组织节水减排，更加重视农田水利设施的管理。按照实际用水量与灌区控制定额的差额确定奖励标准，分档奖励，使精准补贴与节水奖励相结合，不断激发农业水价综合改革发展活力。

进一步发挥电价政策调控作用，促进节能降碳。一是以源荷匹配为基础，考虑用户用电行为变化、灵活性调节资源发展等因素影响，对峰谷时段划分进一步优化调整，同时在执行过程中动态评价并持续完善。在峰谷电价基础上建立尖峰电价机制，尖峰电价以峰段电价为基础上浮不低于 20%。完善峰谷电价价差，在满足国家政策要求的同时，需统筹考虑高耗能产业用电、能源发电成本等因素。二是建议制定阶梯电价政策时，在保留单位产品能耗指标的同时，增加单位产品碳排放指标。在确定差别电价实施范围时，也能考虑企业的碳排放量。另外，把企业使用可再生能源情况，作为制定各种节能降碳电价政策的参考依据，以鼓励企业利用可再生能源，减少化石能源消耗。

持续完善环境污染治理收费政策。一是逐步提高污水处理费的征收标准。建议按照补偿污水处理和污泥处置设施运营成本并合理盈利的原则，根据地方经济发展水平、财力情况以及受疫情影响现状，实施污水处理费差异化动态调整。推动污水处理费的合理上涨，提高在整体水价中的比重，将污水处理费标准提高到能够覆盖污水处理全成本的水平。随着污水处理厂提标改造的不断推进，重点推进上调青岛、太原、成都等与污水处理全成本缺口较大的城市的污水处理费。二是完善城市居民生活垃圾处理收费体制。荷兰的垃圾税提升了公众参与国家环境保护的积极性，有利于从源头上减少生活垃圾的产生，降低了政府处理垃圾的财政支出；瑞士采取居民在垃圾袋粘贴专用缴税标签的方式，用以证明垃圾税已缴纳完成，否则会面临高额的罚款，同时也通过法律制定了相应的垃圾回收减免税费规则，有效促进了垃圾处理。建议借鉴国外成熟经验，适时建立符合我国国情的垃圾税体系，有利于从源头上减少垃圾产生，促进可回收物的循环再利用，更可以弥补政府处理垃圾的支出。

4

生态补偿政策

4.1 生态补偿政策总体进展

国家进一步深化生态补偿制度改革。党的二十大强调，要建立生态产品价值实现机制，完善生态保护补偿制度。2022 年 10 月，《中华人民共和国黄河保护法》（以下简称《黄河保护法》）颁布，提出国家加强对黄河流域行政区域间生态保护补偿的统筹指导、协调，引导和支持黄河流域上下游、左右岸、干支流地方人民政府之间通过协商或者按照市场规则，采用资金补偿、产业扶持等多种形式开展横向生态保护补偿。

生态保护补偿条例持续推进。目前，生态保护补偿条例已纳入国务院立法工作计划，正由司法部进行立法审查。生态保护补偿条例吸纳和提炼生态保护补偿实践中成熟的经验和做法，明确了生态保护补偿的目的、定义和基本原则，就中央和地方各级政府开展的纵向生态保护补偿活动、地方政府间开展的横向生态保护补偿活动、社会各类主体参与的市场化生态保护补偿活动做出专门规定，进一步明确国务院有关部门、地方各级政府和社会主体的义务和职责。

多地探索多元化生态保护补偿机制。2022 年 11 月，中共北京市委办公厅、北京市人民政府办公厅印发《北京市关于深化生态保护补偿制度改革的实施意见》（京办发〔2022〕32 号），进一步加快健全有效市场和有为政府更好结合、分类补偿与综合补偿统筹兼顾、纵向补偿和横向补偿协调推进、强化激励与硬化约束协同发力的生态保护补偿制度，同时强化资金全过程管理，进一步改善生态环境质量，推进绿色低碳发展。2022 年 8 月，云南省出台《关于深化生态保护补偿制度改革的实施意见》，到 2035 年，与全国生态文明建设排头兵要求相适应的生态保护补偿制度基本定型。

4.2 生态综合补偿

生态综合补偿深入推进。2021 年《国务院关于新时代支持革命老区振兴发展的意见》印发后，有关部门持续推动健全新发展阶段支持革命老区振兴发展的“1+N+X”政策体系，深入推进安徽金寨、福建泰宁、江西井冈山、海南琼中、贵州赤水等生态综合补偿试点县建设。2022 年 10 月，福建省出台《福建省综合性生态保护补偿实施方案》，提出建立生态指标考核体系，选取与重点生态功能区相关的 28 个县（市），按照实施区域环境质量提升考核结果予以奖励。2022 年 10 月，陕西省出台《陕西省生态保护纵向综合补偿实施方案》，结合陕西省国家级生态文明示范县、国家“绿水青山就是金山银山”实践创新基地获评情况下达补偿资金 1 亿元，纵横结合的生态补偿制度体系进一步完善。

专栏 4-1 荔波县“四做法”探索生态综合补偿新路径

2020—2022 年，荔波县作为国家级生态综合补偿试点县，“四做法”积极探索出生态综合补偿新路径新成效，其中《贵州省荔波县创新生态护林员管理机制》列入国家发展改革委“生态综合补偿试点地区典型案例”。

一是创新森林生态保护补偿制度。2020—2022 年荔波县纳入生态保护补偿面积 232.47 万亩，占林地面积的 83.04%，获得省级以上补偿资金 7 291.6 万元。制定《荔波县建档立卡贫困人口生态护林员管理考核办法（试行）》，将 4 230 名生态护林员的聘用权、管理权、使用权下放至村级组织。荔波县完成营造林 5 万亩、石漠化治理 7.7 万亩、矿山地质环境治理恢复面积 200 hm^2、实施国储林项目建设 8.36 万亩，森林蓄积量 1 054 万 m^3、森林保有量 262.5 万亩。

二是积极推进流域上下游生态环境的保护。2020—2022 年荔波县县级以上集中式饮用水水源地水质达标率和主要河流出境断面水质优良率均为 100%，连续 3 年水资源管理考核在全省同方阵排名第一。水土流失治理 44.19 km^2，河道综合治理 15 km，建成投运城镇污水处理厂 12 座，城镇污水处理率达 93%，为水资源利用提供有力保护。

三是推动生态优势特色产业发展。2020—2022 年，荔波县构建形成“两精一特”农业产业体系，全县精品水果种植面积达 13.04 万亩，特色中药材种植面积 3.65 万亩，特色养殖实现产值 21.485 亿元。获评全省林下经济高质量发展先进单位。打造 18 个“山水互动”旅游景点和 9 个亲水体验网红打卡地，逐步形成 1 个 5A、1 个 4A、9 个 3A 级景区集群的“旅游+”发展模式，带动 6 万余名劳动力和 9 630 个贫困户增收。小七孔景区“网格四机制”管理模式、景区预约管理模式在全国推广。

四是形成生态综合保护补偿“保护盾”。完成生态保护红线、永久基本农田、城镇开发边界三条控制线的划定和实施管理。严格执行《荔波县国家重点生态功能区产业准入负面清单》《黔南州樟江流域保护条例》。制定“非农化”系列措施，全面开展耕地“非农化”情况摸排调查。出台《专职护林员管理办法》《生态护林员管理办法》，落实县、乡、村三级林长，以及专职林长“3+1”组织体系，制定林长考核管理制度。

4.3 区域性生态补偿

4.3.1 国家重点生态功能区补偿

提升国家重点生态功能区转移支付资金使用效率。为引导地方政府加大生态环境保护力度，提高国家重点生态功能区所在地政府基本公共服务保障能力，中央财政在均衡性转移支付项下设立国家重点生态功能区转移支付。2022 年 12 月，《财政部关于下达 2022 年中央对地方第二批重点生态功能区转移支付预算的通知》（财预〔2022〕160 号）发布，按照中央对地方重点生态功能区转移支付办法，将 2022 年第二批重点生态功能区转移支付预算下达地方，总计下达 992.035 4 亿元，就用途而言，重点补助数额最大，为 785.105 4 亿元，对甘肃省的补助最多，约为 80.276 4 亿元（表 4-1）。该通知要求省级财政部门要根据本地财力情况，制定对下重点生态功能区转移支付办法，将相关资金落实到位；基层政府要将转移支付资金用于保护生态环境和改善民生，加强资金使用管理，提高资金使用效益。2022 年 4 月，财政部印发《中央对地方重点生态功能区转移支付办法》（财预〔2022〕59 号），明确了重点生态功能区转移支付列一般性转移支付，用于提高重点生态县域等地区基本公

表 4-1 2022 年中央对地方重点生态功能区转移支付分配情况

单位：万元

地区（单位）	2022 年补助总额	其中		补助总额明细										
		已经下达	此次下达	重点补助	其中		禁止开发补助	其中	引导性补助	其中			考核奖励	考核扣减
					西藏和四省涉藏州县生态补偿	支持“南水北调”中线水源地生态保护补偿		西藏和四省涉藏州县生态补偿		“南水北调”中线工程汉江中下游地区补助	“南水北调”中线工程干渠沿线补助	“南水北调”东线工程补助		
地方合计	9 920 354	9 820 400	99 954	7 851 054	380 000	177 900	790 000	190 000	1 268 900	90 000	80 000	94 600	28 200	−17 800
北京	24 126	23 900	226	15 226			8 300		600					
天津	8 200	7 700	500	5 700			2 000						500	
河北	455 606	443 900	11 706	401 706			17 600		28 400				8 900	−1 000
山西	129 867	127 500	2 367	114 867			11 000		2 700				1 300	
内蒙古	396 026	390 600	5 426	317 626			27 300		49 400				2 000	−300
辽宁	62 361	62 300	61	19 361			17 400		25 600					
大连	2 000	2 000		100			1 900							
吉林	131 026	129 200	1 826	99 926			17 100		14 000					
黑龙江	355 392	345 800	9 592	293 992			36 100		21 500				5 800	−2 000

地区（单位）	2022年补助总额	其中		补助总额明细										
		已经下达	此次下达	重点补助	其中		禁止开发补助	其中	引导性补助	其中			考核奖励	考核扣减
					西藏和四省涉藏州县生态补偿	支持“南水北调”中线水源地生态保护补偿		西藏和四省涉藏州县生态补偿		“南水北调”中线工程汉江中下游地区补助	“南水北调”中线工程干渠沿线补助	“南水北调”东线工程补助		
上海	7 600	7 600		5 200			2 400							
江苏	77 400	77 400		15 100			7 400		54 900			54 900		
浙江	54 110	53 800	310	34 410			19 700							
安徽	262 692	261 600	1 092	162 592			16 700		83 400					
福建	144 543	143 600	943	73 443			18 200		52 900					
江西	257 326	254 500	2 826	189 826			22 000		45 500					
山东	166 453	163 700	2 753	97 853			18 600		48 200			39 700	1 800	
河南	301 012	295 800	5 212	154 912		22 000	19 900		123 000		80 000		3 200	
湖北	593 770	588 600	5 170	449 570		51 400	15 600		128 600	90 000				
湖南	573 328	566 200	7 128	503 528			22 600		48 400					−1 200
广东	144 161	143 700	461	90 461			16 300		38 100					−700
广西	364 180	360 100	4 080	315 180			15 900		33 100					
海南	232 892	234 400	−1 508	230 492			6 800							−4 400

地区（单位）	2022 年补助总额	其中		补助总额明细										
		已经下达	此次下达	重点补助	其中		禁止开发补助	其中	引导性补助	其中			考核奖励	考核扣减
					西藏和四省涉藏州县生态补偿	支持“南水北调”中线水源地生态保护补偿		西藏和四省涉藏州县生态补偿		“南水北调”中线工程汉江中下游地区补助	“南水北调”中线工程干渠沿线补助	“南水北调”东线工程补助		
重庆	283 904	282 100	1 804	193 404			12 600		77 900					
四川	606 167	601 500	4 667	509 567	113 700		57 000	21 000	39 600					
贵州	711 926	705 000	6 926	609 426			15 500		88 400				1 000	−2 400
云南	659 070	655 100	3 970	558 170	20 600		37 500	12 600	64 800				300	−1 700
西藏	370 285	369 000	1 285	237 085	84 900		127 100	87 400	6 100					
陕西	470 124	467 000	3 124	388 824		104 500	16 300		64 900				900	−800
甘肃	802 764	797 100	5 664	672 564	42 400		47 100	20 100	82 900				2 000	−1 800
青海	508 840	504 200	4 640	421 240	118 400		87 600	48 900						
宁夏	208 855	208 200	655	200 555			4 900		4 900					−1 500
新疆	540 307	533 400	6 907	456 907			41 800		41 100				500	
新疆生产建设兵团	14 041	13 900	141	12 241			1 800							

注：此表源自《财政部关于下达 2022 年中央对地方第二批重点生态功能区转移支付预算的通知》（财预〔2022〕160 号）。

共服务保障能力，引导地方政府加强生态环境保护，重点补助范围包括重点生态县域、生态功能重要地区、长江经济带地区和巩固拓展脱贫攻坚成果同乡村振兴衔接地区。

推进转移支付资金奖惩调节。自国家重点生态功能区县域生态环境质量监测与评价工作启动以来，监测与评价结果成为转移支付资金奖惩调节的重要依据。目前已完成 11 次评价工作，中央财政转移支付覆盖 810 个县域，累计对 520 个县域实施奖惩。国家重点生态功能区转移支付县域生态环境质量呈现“整体较好、稳中向好”。2022 年，中央下达重点生态功能区转移支付 992 亿元，并依据生态环境质量监测与评价结果，对“一般”和“明显”等级的 53 个县域转移支付资金进行奖惩调节，总调节资金量达到 4.6 亿元，其中奖励县域 33 个，奖励资金 2.82 亿元，扣减县域 20 个，扣减资金 1.78 亿元。

4.3.2 生态红线补偿

目前，生态红线补偿机制尚未出台。2022 年 12 月，生态环境部印发《生态保护红线生态环境监督办法（试行）》（国环规生态〔2022〕2 号），提出将生态保护红线保护作为有关地区开展生态补偿的重要参考。

4.4 流域生态补偿

推进流域上下游横向生态补偿机制建设。2022 年，在水污染防治资金中安排长江全流域横向生态补偿机制引导资金 20 亿元、黄河全流域横向生态补偿机制引导资金 10 亿元、其他流域横向生态补偿机制奖励资金 6 亿元（安排广东福建汀江—韩江、广东江西东江、河北天津引滦入津省际机制建设奖励资金各 2 亿元），支持开展流域生态补偿机制建设等工作。

《黄河保护法》对黄河流域生态保护补偿提出明确要求。2022年10月30日，《黄河保护法》由第十三届全国人民代表大会常务委员会第三十七次会议通过，规定："国家建立健全黄河流域生态保护补偿制度。国家加大财政转移支付力度，对黄河流域生态功能重要区域予以补偿。具体办法由国务院财政部门会同国务院有关部门制定。国家加强对黄河流域行政区域间生态保护补偿的统筹指导、协调，引导和支持黄河流域上下游、左右岸、干支流地方人民政府之间通过协商或者按照市场规则，采用资金补偿、产业扶持等多种形式开展横向生态保护补偿。国家鼓励社会资金设立市场化运作的黄河流域生态保护补偿基金。国家支持在黄河流域开展用水权市场化交易。"

加快建立太湖流域横向生态保护补偿机制。国家发展改革委、生态环境部、水利部印发《关于推动建立太湖流域生态保护补偿机制的指导意见》（发改振兴〔2022〕101号），推动建立太浦河生态保护补偿机制。优先选择太湖流域上下游污染责任明确、流向相对稳定的现有跨省际流域断面设立补偿断面，由"两省一市"（江苏省、浙江省、上海市）共同研究确定补偿断面的考核因子、水质目标、监测方式、补偿标准，加快建立流域生态共治、治理责任共担、治理成果共享的生态保护补偿机制。鼓励"两省一市"探索建立资金补偿之外的多元化合作方式。国务院有关部门应按职责加大对太浦河生态保护补偿机制建设的统筹指导、协调和支持，推动有关地方加强磋商和沟通。充分发挥太湖流域管理局及其水文水资源监测中心、太湖流域东海海域生态环境监督管理局及其生态环境监测与科学研究中心的作用，完善太浦河水资源保护协作机制和太湖流域水环境综合治理信息共享平台。

四川省持续推进流域横向生态保护补偿。2022 年 11 月，四川省出台《四川省流域横向生态保护补偿激励政策实施方案》。实施方案以持续改善流域生态环境质量为核心，遵循“保护责任共担、流域环境共治、生态效益共享”的原则，推动建立长江、黄河全流域横向生态保护补偿机制，继续推动跨省和省内流域横向生态保护补偿机制建设，搭建上下游联动、合作共治的政策平台，探索建立生态产品价值实现机制，充分调动流域上下游地区生态环境保护的积极性，实现流域高水平生态保护和高质量发展。实施期限持续至 2025 年，重点实施范围为四川省长江流域，黄河流域，赤水河及岷江、沱江、嘉陵江等流域。

引滦入津上下游横向生态保护补偿协议续签。引滦入津工程是中华人民共和国成立之后第一个跨流域、跨省市大型引水工程。2016 年引滦入津上下游横向生态补偿机制建立以来，河北省在推动环保基础设施建设、生态功能区修复、农业农村污染治理等领域持续发力，补偿目标顺利实现，承德、唐山两市累计获得省以上和天津市生态补偿金 27 亿元。近年来，两个出境考核断面水质稳定达到地表水Ⅱ类，有力保障了天津用水安全。新一期生态保护补偿协议实施年限为 2022—2025 年，每年天津市安排 1 亿元左右、河北省安排 1 亿元用于引滦入津生态环境保护，包括引滦入津上游地区水环境治理、水生态修复、水资源保护等保障协议履行工作。

专栏 4-2 横向流域生态保护补偿实施典型案例

案例一：甘肃省省市县合力，共启内陆河上下游生态保护补偿。2020年甘肃省启动了为期3年的祁连山地区黑河、石羊河流域上下游横向生态保护补偿试点。由于流域水环境区域界限分明，跨市界情况较少，黑河、石羊河宜实行县与县之间的横向生态保护补偿方式，试点范围选取流域内张掖、酒泉、武威3市所辖的7个县区，依据上下游关系签订补偿协议。试点期间，省级财政累计下达奖励资金6 550万元，带动实施了甘州区水生态修复治理、临泽县水系连通及农村水系综合整治国家级试点、凉州区新型农村社区污水处理设施建设等20多个项目，对改善黑河及石羊河流域水环境质量发挥了积极作用。截至2022年9月，7个考核断面水质达到目标值且均为Ⅱ类及以上，其中多个断面水质主要污染物浓度逐年下降。

案例二：九洲江发源于广西壮族自治区玉林市陆川县，流经广东省廉江市，注入北部湾。自2016年起，广西、广东两省（区）签订补偿协议，建立了横向水环境补偿机制。2022年，两省（区）签署《九洲江流域上下游横向生态补偿协议（2021—2023年）》，横向生态保护补偿进入第三轮，与2018—2020年实施的第二轮补偿协议相比，新一轮补偿协议的考核范围和考核内容均有拓展，跨界支流白马岭河（沙陂河）纳入考核范围，粤桂交界断面生态流量纳入考核内容。协议明确，2021—2023年，广西、广东两省（区）每年各出资1亿元，共同设立九洲江流域上下游横向补偿资金，支持广西玉林用于流域生态保护补偿治理和经济社会发展，中央奖励资金拨付上游省（区）（广西）专项用于九洲江流域水污染防治工作。

4.5 其他领域生态补偿

4.5.1 草原生态保护补助奖励

草原生态保护补助奖励持续推进。草原生态保护补助奖励政策是我国草原牧区投入规模最大、覆盖面最广、涉及农牧民最多的一项惠草惠牧惠农政策。落实草原禁牧和草畜平衡制度是草原生态保护补助奖励政策的重要内容。“十四五”期间，继续在内蒙古等 13 个省（区）以及新疆生产建设兵团和北大荒农垦集团有限公司实施第三轮草原生态保护补助奖励政策，并就政策实施，财政部、农业农村部、国家林草局联合印发《第三轮草原生态保护补助奖励政策实施指导意见》。第三轮草原生态保护补助奖励政策投入资金有增无减，实施范围进一步扩大。2022 年林业草原生态保护恢复资金分配情况见表 4-2。

表 4-2　2022 年林业草原生态保护恢复资金分配情况

单位：万元

地区（单位）	2022 年分配情况
总计	466 213
河北	500
山西	17 980
内蒙古	20 541
辽宁	500
吉林	14 838
黑龙江	6 847
安徽	296
福建	1 874

地区（单位）	2022 年分配情况
江西	710
河南	500
湖北	12 241
湖南	3 300
广西	5 216
海南	6 274
重庆	31 753
四川	47 909
贵州	103 842
云南	63 986
西藏	3 554
陕西	25 690
甘肃	51 400
青海	10 883
宁夏	3 800
新疆	27 480
新疆生产建设兵团	4 299

专栏 4-3　黑龙江省推进实施草原生态保护补助奖励机制

2022 年 6 月，黑龙江省农业农村厅等部门联合发布《黑龙江省 2022—2025 年草原生态保护补助奖励政策实施方案》，详细规定了草原生态保护补助奖励的具体政策。将对林甸、肇源、肇州、富裕、虎林等 15 个县（市）给予补助。在补助内容和标准方面，支持以家庭农（牧）场、农牧民饲草种植基地（合作社）、肉牛肉羊规模养殖场、草产品生产加工企业为主的经营主体。

饲草产业发展补助。一年生饲草种植补贴每年每亩不高于 200 元，草种繁殖一次性补贴每亩不高于 500 元。

肉牛、肉羊等草食畜养殖场建设。单个养殖场基础设施建设补贴标准不超过实际总投资的 30%，具体补贴标准：圈舍建设每平方米补贴 300 元，贮草棚每平方米补贴 120 元，青贮窖每立方米补贴 90 元，储粪棚每平方米补贴 150 元。

机械设备购置。支持实施主体购置机械设备，补贴资金可用于购买饲草生产、加工机械设备。机械设备的补贴标准不超过实际购买价格的 30%。已获得农机补贴的不可重复补贴。

贷款贴息。项目资金量 300 万元以上的县（市），可根据本地实际需要，拿出部分草原补奖资金（不高于项目资金 50%），对饲草种植和肉牛肉羊规模化养殖场用于生产发展资金贷款给予贴息支持，按照 1 年期贷款市场报价利率补贴利息。

4.5.2 森林生态效益补偿

探索完善森林生态保护补偿制度。浙江省财政厅、林业局修订并印发了《浙江省森林生态效益补偿资金管理办法》（浙财资环〔2022〕74 号）。补偿范围方面，依据国家和省有关规定划定，经批准公布的国家级和省级公益林。对受益对象明确的风景林，按照受益补偿的原则，由所在地风景名胜区管理部门履行补偿职责。补偿标准方面，省级以上公益林最低补偿标准由省里确定，补偿标准由原标准部分和提高标准部分组成。原标准部分是指该办法施行前的公益林补偿标准，由省级以上财政与市、县（市、区）财政分别按定额承担的部分；提高标准部分是指该办法施行后提高的补偿标准，由省级以上财政与市、县（市、区）财政分别按 90%与 10%比例承担的部分。

专栏 4-4 婺源县创新森林生态保护补偿机制

婺源县秉持“绿水青山就是金山银山”的理念，创新森林生态保护补偿机制，通过实施护绿、用绿工程，实现森林生态可持续发展。2021 年，婺源全县实施公益林补偿面积 150 多万亩，天然林停伐保护管护面积 100 多万亩，年度管护投资近 5 600 万元。

一是创新建立“自然保护小区”模式。婺源县在全国首创建设“自然保护小区”，出台《关于开展婺源县自然保护小区调查规划工作的通知》《婺源县自然保护小区（风景林）管理办法》，形成了一套由林权单位申请、林业部门规划、县级政府审批的运作程序。建立了珍稀动物型、自然生态型、水源涵养型等 6 类自然保护小区，共同守护分散的小面积天然林。引导群众“自建、自管、自受益”，将全县自然保护小区全部纳入公益林生态补偿范围。“自然保护小区”获评世界发明奖。全县成功创建省级乡村森林公园 7 个、国家森林乡村 21 个、省级森林乡村 20 个。

二是创新实施森林资源源头管理机制。婺源县创新实施天然阔叶林长期禁伐，先后出台了《婺源县关于建立“河（林）长+警长”协同工作机制的实施方案》《婺源县森林赎买实施方案》《婺源县专职护林员考核管理办法》等文件，建立森林保护长效机制。将全县森林资源划定为 692 个管护责任网格，建立以村级林长、监督员、护林员为骨架的“一长两员”森林资源源头网格化管理体系，实行网格化、规范化、信息化管理，做到每个网格对应 1 名护林员。

三是创新发展“森林+康养+产业”模式。充分发挥生态优势、挖掘森林资源潜力，着力推动“森林+康养+产业”融合发展，将潜在的林地资源优势转变为现实的发展优势。山区百姓通过生态入股、资源分红、自主创业等多种方式，在家门口找到增收致富的新路子。全县直接从事旅游人员超8万人，间接受益者突破25万人。积极发展林下经济和林业产业，“婺源问茶”乡村茶旅游路线获评“中国十大金牌茶旅游路线”。先后荣获首批国家森林康养基地、全国休闲农业与乡村旅游示范县、中国茶旅融合发展示范区、国家“绿水青山就是金山银山”实践创新基地等称号。

4.5.3 海洋生态补偿

海洋生态补偿制度持续推进。2022 年 12 月，《中华人民共和国海洋环境保护法》修订草案提请第十三届全国人大常委会第三十八次会议审议。修订草案提出完善海洋生态保护补偿制度，加大对海洋生态保护地区的财政转移支付力度。修订草案拟按照自然保护地体系建设总体要求，修改涉海自然保护地划定与分类标准的规定，完善海洋生态保护补偿制度。修订草案明确提出，国务院和沿海省、自治区、直辖市人民政府应当按照事权划分原则，加大对海洋生态保护地区的财政转移支付力度。沿海地方各级人民政府应当落实海洋生态保护补偿资金，确保其用于海洋生态保护补偿。

4.5.4 湿地生态补偿

完善湿地生态补偿政策。2022 年 10 月，国家林业和草原局、自然资源部联合印发《全国湿地保护规划（2022—2030 年）》，提出建立健全湿地生态保护补偿制度，按照事权划分原则加大对重要湿地保护的财政投入，引导和带动社会资本参与，充分发挥各项政策措施合力，大力支持湿地保护，积极发展绿色金融，引导社会资本以市场化方式投向湿地保护，防范地方政府债务风险，防止地方政府以项目建设名义盲目举债，坚决遏制地方政府新增隐性债务，鼓励湿地生态保护地区与湿地生态受益地区人民政府通过协商或者市场机制进行地区间生态保护补偿。

4.5.5 荒漠生态系统补偿

推进荒漠生态系统补偿。我国在北方地区组织实施了一批沙化土地封禁保护补偿项目。对暂不具备治理条件和因保护生态需要不宜开发利用的连片沙化土地实施封禁保护，通过采取“封”“禁”措施，禁止乱樵采、乱开垦、乱放牧，严格管控封禁保护区域内开发建设活动。2022 年，通过中央财政林业草原转移支付林业改革发展资金，安排内蒙古、西藏、新疆等 6 个省（区）沙化土地封禁保护补偿补助 2 亿元，其中甘肃省 3 463 万元，主要用于设置围栏设施、扎设沙障、配套设施修建维护、警示标牌修建等，资金切块下达到省（区），有关地方可以结合自身实际，统筹考虑安排相关工作。

4.5.6 环境空气质量生态补偿

地方探索深化环境空气质量生态补偿。安徽省出台《安徽省环境空气质量生态补偿激励办法》，推动“十四五”期间全省环境空气质量持续改善。办法主要有两方面特点：一是强化目标导向。将年度目标任务完成情况作为补偿的主要依据。以“十四五”期间空气质量约束性指标 $PM_{2.5}$ 浓度、优良天数比例、重污染天数为主要补偿指标。距完成目标任务有一定差距的市，适当赔付资金。二是动态和静态结合。在目标完成情况奖补之外，将各市空气质量主要指标较上年度同比改善幅度（动态指标）作为补偿的重要依据，激励同比改善幅度较高的市。同时考虑部分市空气质量较好、改善空间较小的现状，根据现状达标情况（静态指标）给予一定的补偿，激励环境空气质量现状较好的市。

4.6 小结

4.6.1 存在的问题

跨省、跨区域横向生态保护补偿推进慢。一是补偿双方内生动力不足。跨省、跨区域对各自发展权益、生态环境保护责任以及对生态产品价值的认识不同，缺乏对流域和区域生态保护与发展的系统性、整体性谋划，难以获得补偿方和受偿方的共同认可。协商推进机制不健全，黄河干流左右岸的山西、陕西等省在推进横向生态保护补偿时，两省间自主协商沟通困难大，难以达成一致。二是缺乏全国指导性补偿标准及相应指标，各地对补偿基准、标准、方式等选取自由度较大，跨省、跨区域之间的环境账、经济账难以核算。黄山市累计为新安江生态保护投入资金 120.6 亿元，但新安江流域补偿资金仅为 35.8 亿元。三是补偿资金使用范围受限。中央财政下达的引导资金目前全部来自水污染防治资金科目，只能用于储备库项目，无法培育绿色生产、已建环保设施运营等领域，与地方需求不匹配。赤水河流域贵州、四川两省分别将 70%、97% 的补偿资金用于污水垃圾处理项目建设，其运维费用不能从补偿资金中列支，地方政府财政压力大。

生态环境监测评价结果在财政转移支付中应用不够深入。一是国家重点生态功能区县域生态环境监测与评价结果在中央财政转移支付资金分配中的调节比例较低，根据 2022 年监测与评价，结果为明显变差、一般变差、轻微变差的县域共有 79 个，而实际转移支付资金扣减的县域仅有 20 个。二是转移支付资金用于生态环境保护的比例不足，实际用于生态环境保护与治理的资金比例平均不超过 15%。三是国家重点生态功能区转移支付对生态保护红线支持力度不足，兰州市生态保护红线涉及 8 个县域，仅有永登县纳入国家重点生态功能区。四是生态环境监测结果报送机制不健全，全国县级行政区生态质量测算评价、生态保护红线生态质量监测等成果，尚未有效报送财政、发改等部门，在补偿资金分配中无法应用相关成果。

市场化、多元化补偿力度有限。一是市场活力不足。当前生态保护补偿以财政转移支付、相关专项资金奖励为主要形式，财政资金占比为 87%。生态保护补偿的市场化机制不健全，地方习惯用财政资金实施保护修复工程，缺乏社会资本参与的机制设计，市场主体难以通过参与补偿项目获得投资回报。二是产业扶持、技术援助等多元化补偿模式尚未广泛应用。新安江流域下游对上游的产业补偿不足，教育、科技、人才共享机制不健全，黄山市享受杭州都市圈发展的红利不明显。

配套政策与措施亟待完善。一是缺乏补偿实施评估机制。对补偿目标及任务完成、补偿资金使用及落实、项目实施等情况缺乏跟踪管理，对生态保护补偿实施后的效益评估缺少科学评价依据。二是新领域生态保护补偿相对滞后。危险废物跨区域转移处置补偿试点尚未开展，大气、海洋等领域补偿以地方探索为主，在补偿主体和标准等方面缺乏国家层面的指导。三是生态综合补偿面临财政预算制度制约，补偿资金统筹使用的渠道难以打通，较难形成政策合力。

4.6.2 发展方向

发挥大江大河流域横向生态保护补偿的带动作用，推动形成生态共治、利益共享的绿色发展方式。一是充分用好生态保护补偿资金，支持地方将产业布局结构优化调整与污染治理、生态保护修复结合起来，通过探索“生态+农业”“生态+产业”“生态+文旅”等模式，推进产业转型与升级，促进生态资源资产化、生态产品“市场化”。二是建立流域横向补偿优先推进名录。对具有水源涵养、水土保持、水产种质资源保护、饮用水等重要生态功能的区域，以及水资源供需矛盾突出、水质污染严重的跨省流域，优先纳入名录。编制流域横向生态保护补偿机制推进工作方案，有序推动名录中流域相邻省份间建立补偿机制。三是强化中央奖补资金引导作用，研究暂缓奖补资金退坡，加快推动长江、黄河全流域及重点流域横向生态保护补偿，积极协调有意向的流域上下游、左右岸地区实施生态保护补偿，稳定各方预期。四是优化长江、黄河横向生态保护补偿奖补资金渠道与用途，加大对已开展补偿省份的支持力度，奖补资金更多支持地方产业转型和绿色发展。

发挥生态环境监测的基础性作用，强化纵向补偿的绿色导向。一是持续开展国家重点生态功能区县域生态环境质量监测与评价工作，加强监测与评价结果在财政转移支付资金分配中的调节作用，加大对生态环境质量变好县域的转移支付力度。二是推动改进国家重点生态功能区财政转移支付资金分配方式，充分考虑生态贡献，适时修订以地方标准财政收支缺口为基础的一般均衡性转移支付测算办法。在转移支付资金用途上，生态环境保护与治理支出不低于一定比例。三是健全生态环境监测结果报送机制。将全国县级行政区生态质量测算评价、生态保护红线生态质量监测等成果，及时报送财政、发改等部门，以成为生态保护补偿资金和预算安排的参考因素。四是加强财政转移支付与生态保护红线的深度衔接，研究提高生态保护红线相关因素测算权重，加大对生态保护红线有关县域的支持力度。

发挥激励约束机制调节作用，建立市场驱动的多元补偿模式。一是探索设立生态保护补偿项目储备库。结合大气污染防治、水污染防治、土壤污染防治项目等储备库管理，研究设立生态保护补偿项目库，用于支持生态保护补偿项目，以财政资金引导带动更多社会资金投入生态保护。二是加快推动排污权、碳排放权等生态环境权益的市场化交易。探索在重点流域、重点区域建立协同统一的环境权益交易市场。加快推动国家核证自愿减排量交易市场建设，完善体现碳汇价值的生态保护补偿机制。三是鼓励金融机构开发绿色金融产品，支持地方探索建立生态保护补偿基金，为生态保护补偿相关项目提供资金支持。四是支持地方将生态保护补偿改革情况纳入绿色绩效考核。在中央生态环境保护督察中继续重点关注生态保护补偿工作存在的突出问题。

发挥试点示范引领作用，探索破解制度障碍的有效途径。一是加快探索新领域生态保护补偿。研究探索在京津冀、长三角、粤港澳大湾区等重点区域开展基于区域传输贡献的环境空气质量生态补偿。指导有条件地区探索开展危险废物跨区域转移处置的生态保护补偿机制试点。二是加快推进海洋生态保护补偿立法工作，总结地方海洋生态保护补偿实践经验，开展近海域生态保护补偿试点。三是联合财政、发展改革、审计等部门深入实施生态综合补偿，研究破解限制补偿资金统筹使用的有关预算制度。四是支持新安江—千岛湖等开展生态保护补偿试验区建设，充分发挥示范作用，推进机制共创、生态共保、环境共治、产业共兴、基础共联、发展共享等补偿模式取得实质性成果。

发挥依法补偿的保障性作用，健全相关法律法规和政策标准体系。一是推动出台生态保护补偿条例，推进相关法律法规的制（修）订，鼓励出台地方性生态保护补偿法规，为生态保护补偿提供法治保障。二是创新政策协同机制，协同推进生态产品价值实现、生态损害赔偿与生态保护补偿。三是研究制定全国指导性补偿标准及相应指标，建立环境质量、生态功能等与生态保护补偿目标相关的指标监测、数据调度和共享机制。四是建立绩效评估机制。对生态保护补偿责任落实情况、生态保护工作成效进行综合评价，完善评价结果与补偿资金分配挂钩机制，将评价结果作为政策调整、改进管理和预算安排的重要依据。五是加强对生态保护补偿有效模式、可行路径的总结推广，遴选培育新一批生态保护补偿实践案例。

5

环境权益交易政策

2022 年 3 月发布的《中共中央　国务院关于加快建设全国统一大市场的意见》指出要依托公共资源交易平台，建设全国统一的碳排放权、用水权交易市场，实行统一规范的行业标准、交易监管机制。推进排污权、用能权市场化交易，探索建立初始分配、有偿使用、市场交易、纠纷解决、配套服务等制度。在政策引导下，我国环境权益交易制度改革持续推进实施，环境权益交易政策体系不断完善。自然资源产权方面，全民所有自然资源资产所有权委托代理机制试点工作全面推进，排污权交易试点工作取得阶段性成果，全国碳排放权交易市场稳定运行，取用水权交易不断改革创新，用能权交易试点范围逐步扩大，多省市探索碳普惠新模式。

5.1 自然资源产权交易

国家层面推进全民所有自然资源资产所有权委托代理机制试点。2022 年 3 月，中共中央办公厅、国务院办公厅印发《全民所有自然资源资产所有权委托代理机制试点方案》。文件指出，为统筹推进自然资源资产产权制度改革，落实统一行使全民所有自然资源资产所有者职责，探索建立全民所有自然资源资产所有权委托代理机制，针对全民所有的土地、矿产、海洋、森林、草原、湿地、水、国家公园8类自然资源资产（含自然生态空间）开展所有权委托代理试点。

地方层面积极落实全民所有自然资源资产所有权委托代理机制试点。目前，北京、天津、河北、河南、山东、山西、宁夏、四川、福建、湖南、重庆、青海等省（区、市）已结合本地情况展开全民所有自然资源资产所有权委托代理机制试点工作。广西壮族自治区是全国首个颁布地方全民所有自然资源资产所有权委托代理机制试点政策的省级行政区。2022年2月，广西壮族自治区人民政府办公厅印发《广西全民所有自然资源资产所有权委托代理机制试点实施总体方案》，明确自治区本级和3个试点市的工作任务和时间安排，决定利用两年时间开展试点，并统筹安排明确所有者职责代理履行模式、编制自然资源清单、依据委托代理行权履职、制定不同资源种类的委托管理目标和工作重点、完善配套制度等五个方面102项工作任务。其中自治区本级重点探索全民所有土地、矿产、海洋、森林、草原、湿地、水等7类自然资源资产所有权委托代理机制，南宁市重点探索土地、矿产、森林、草原、水等5类自然资源资产所有权委托代理机制，贺州市重点探索土地、矿产、森林等3类自然资源资产所有权委托代理机制，北海市重点探索土地、矿产、海洋、森林、湿地等5类自然资源资产所有权委托代理机制。

专栏5-1 典型案例

2017年以来，福建省南平市作为全国唯一的试点设区市，率先开展国家自然资源资产管理体制试点，为全国自然资源管理工作提供了可复制、可推广的试点经验，为全国改革提供了素材、贡献了建议性改革思路，多条试点工作建议被中共中央办公厅、国务院办公厅发布《关于统筹推进自然资源资产产权制度改革的指导意见》吸收采纳。试点工作以浦城县为突破口，目标包括：一是由自然资源资产管理机构集中统一行使全民所有自然资源资产所有者职责，明确所有权人主体地位，解决所有者不到位及碎片化管理的问题；二是创新自然资源所有权实现形式，全面建立覆盖各类全民所有自然资源资产的有偿使用制度，落实所有权人权益；三是实现所有者职责和监管者职责相分离、相互制约，实现对自然资源资产更加严格的保护。试点任务包括剥离职责，设置机构，探索不同层级政府代理行使全民所有自然资源资产所有权实现形式，创新自然资源全面所有权实现形式。

剥离职责，设立所有者职责代理机构。经中央编办和福建省委机构编制委员会批准，南平市将福建省、南平市两级自然资源、农业农村、林业、水利等相关部门承担的全民所有自然资源资产所有者相关职责剥离，整合交由新设立的福建省自然资源资产管理局、南平市自然资源资产管理局统一行使其主要职责，包括：承担福建省人民政府委托的相关国有自然资源资产管理工作；负责在职责范围内对全民所有的土地、矿产、森林、水等各类自然资源资产行使所有权；在符合国土空间用途管制的前提下，履行占有、使用、收益和处分的权利；建立以有偿使用为核心的资产处置制度；依法获取资产收益并按照非税收入管理有关上缴的公共财政，推动实现全民共享等。

清产核资，建立物质账本和价值账本。南平试点突出问题导向，首先解决长期以来国有自然资源分散管理、政出多门的突出矛盾，其次破解自然资源数据分散凌乱、交叉重叠、标准不一的难题，探索开展自然资源资产清产核资工作，基本摸清核实了自然资源资产家底。一是编制自然资源资产“一套表”，建立国有自然资源实物账本。为掌握南平土地、矿产、森林、水等各类国有自然资源情况，建立了资源目录清单，以创新技术规范、建立统计制度为重点，推进相关工作。二是利用自然资源“一张图”，突破多源自然资源数据融合技术壁垒。主要做法是在收集各类信息数据的基础上，形成自然资源“一张图”。同时针对各类数据库坐标体系不统一、比例尺不一致等问题，创新技术路线，通过分类设计、分层处理等技术手段，将各类数据以不同存储方式入库，实现数据的衔接与整合。例如，武夷山市五夫镇对水、田、林、茶等生态资源进行摸底，叠加各政府部门的规划类、管制类数据，形成电子化、可视化、交互式的五夫镇生态资源“一张图”，使投资客商的信息搜寻成本大大降低。三是建立自然资源价值账本，构建自然资源价值核算体系。在建立自然资源实物账本基础上，为掌握资源变化情况，并体现生态价值，开展自然资源价值核算试点，建立自然资源“一本账”。例如，在武夷山试点区内分广义和狭义两个类型研究了构建价值核算体系的思路和方法，对广义生态产品（茶叶、有机蔬菜、生态水果等），把重点放在生态溢价的价格体现上；对狭义生态产品（各类湿地、保护区、公园等），因其生态服务价值的外部性，把重点放在服务价值的内部化上。通过建立核算指标体系，将服务价值量化显化，后续建设指标交易市场，推动服务价值货币化实现。

理论联系实际，明晰所有者权益内涵及实现形式。一是探索开展国有自然资源资产登记，落实所有权主体。初步探索了自然资源登记单元的设定及划分方法，研究拟定了登记单元号编码规则，创立了首页汇总分页详记的分层登簿模式，并对原有登记簿样式进行了补充完善，颁发了国有自然资源确权登记“一本证”。例如，在浦城县选择了产权归属清晰的两处大中型矿产资源和一处水库作为国有自然资源确权登记对象，梳理细化登记程序，实现了以自然资源部门为所有权代表行使主体的自然资源确权登记，取得良好效果。二是创新实现形式，探索更好实现所有者占有、使用、收益、处分等权利权益。围绕落实所有者权益，以及充分发挥市场在配置资源中的决定性作用，在已有自然资源资产有偿使用制度基础上促进自然资源资产转化。

创新机制，健全资产管理责任体系及工作机制。一是构筑基于大数据和“互联网+”的南平市国有自然资源管理与服务“一个平台”。二是探索国土空间建立不同规划间“多规合一”的矛盾协调反馈机制，推动“多规合一”成果与法定规划的联动修改。三是聚焦中央、省环保督察等多渠道反馈的问题，推动群众反映强烈的问题快发现、快解决、快落实。四是充分运用卫星遥感、视频监控等高新技术手段，建设智慧国家公园平台，全面提升管理水平。例如，推行生态巡查监管治理机制，整合部门资源，推进一体巡查、联防共治。建立生态补偿机制，设定生态公益林保护补偿、天然商品乔木林停伐管护补助等 11 项补偿内容，并按林地类别予以管控补偿等。五是编制自然资源资产负债表，开展覆盖到乡镇的领导干部自然资源资产离任审计，创新领导干部自然资源资产离任审计办法。

5.2 排污权交易

我国排污权交易试点工作取得阶段性成果。截至 2022 年年底，全国已开展或正在开展排污权交易试点工作的地区包括 28 个省（区、市）及青岛市。其中，江苏、浙江、天津、湖北、湖南、山西、内蒙古、重庆、河北、陕西、河南及青岛等 12 个地区是财政部、原环境保护部、国家发展改革委批复开展试点的地区（以下简称试点地区），福建、安徽、江西、山东、广东、青海、甘肃、宁夏、新疆等地区是在省级行政区域内或部分区域自行开展排污交易工作的地区。西藏、广西和吉林3省（区）暂未开展排污权交易试点工作。总体来看，目前已开展的排污权交易试点工作促使市场配置环境资源的功效初步显现。

河北省首批排污权市场交易正式启动。2022年1月，河北省人民政府办公厅印发《关于深化排污权交易改革实施方案（试行）》。2022年5月，河北省生态环境厅等六部门印发《河北省排污权市场交易管理暂行办法》，河北省生态环境厅等五部门印发《河北省排污权政府储备管理暂行办法》。2022年5月，河北省生态环境厅印发《河北省主要污染物排污权确权管理暂行办法》。河北省以排污许可为基础，制定大气、水污染物确权技术规范，按照企业申请、县级初审、市级审核、省级核定的确权程序，坚持统一核算方法、统一审核原则，公平公正地完成了全省7.6万家排污许可持证单位排污权确权，建立了确权台账，将确权结果作为污染减排、排污权交易、总量指标削减替代的依据，在全国率先探索建立了权责明确的排污权产权制度。2022年6月，河北省排污权交易市场开市，河北省首批排污权市场交易正式启动，国电电力廊坊能源有限公司廊坊热电厂二期项目、廊坊市华电京南（固安）综合能源供应项目、华电香河能源有限公司华电香河燃气能源站项目等3个新建项目采用电子竞价方式取得排污权指标，廊坊市河北德成保温材料有限公司、河北华迩化工建材有限公司、住友再生资源（廊坊）有限公司等10家企业采用协议转让方式交易。2022年1—11月，全省累计开展排污权交易2 249笔、交易金额3.97亿元，交易规模位于全国前列，有力保障了2 000余个建设项目顺利落地实施。

湖南省出台主要污染物排污权有偿使用和交易管理办法。2022年5月，湖南省人民政府办公厅印发《湖南省主要污染物排污权有偿使用和交易管理办法》。文件指出，湖南省排污权交易遵循“竞价为常态、协议为特例”的原则，采取公开电子竞价或者行政主管部门特别批准的协议转让方式进行。国家法律、行政法规另有规定的，从其规定。省政府有关部门应积极推进排污权交易的信息化建设，实现排污权管理平台、政务服务平台、公共资源交易平台、税务平台等业务的对接。

山东省排污权交易平台正式开市交易。2022 年 12 月，山东三丰新材料有限公司挥发性有机物排污权 7.81 t/a 转让项目、临沂市政府储备氮氧化物排污权 686.33 t/a 转让项目在山东产权交易集团暨山东省公共资源（国有产权）交易中心搭建并运营的排污权交易平台公开挂牌转让，标志着排污权正式上线开市交易。12 月，山东首单排污权交易成交，挂牌价均为 1 400 元/（t·a）。方舟创园（临沂临港经济开发区）新材料有限公司最终成交价 1 490 元/（t·a），较挂牌价溢价 6.43%，成交数量 3.594 t/a；山东鑫海新能源技术有限公司最终成交价 1 470 元/（t·a），较挂牌价溢价 5%，成交数量 4.216 t/a；山东钢铁集团永锋临港有限公司最终成交价格 1 400 元/（t·a），成交数量 21.784 t/a，山东省排污权交易试点改革工作取得积极进展。

银川市开展排污权有偿使用和交易改革。2022 年 3 月，银川市印发《银川市排污权有偿使用和交易改革 2022 年工作方案》，明确 2022 年银川市实现排污权交易区域全覆盖，排污权有偿使用和交易改革在工业、农业、服务行业全覆盖。依据方案，银川市将于 2022 年建立较为完善的排污权确权、排污权储备、排污权有偿使用、排污权转让、市场交易、监管执法等制度机制和政策体系，确保排污权各环节有人管、能操作、能管好。按照要求，银川市各县（市）区政府、各园区管委会要对 2021 年 12 月 1 日前通过环评审批的建设项目进行全面摸排，建立初始排污权、可交易排污权、政府储备排污权、新增排污权 4 本台账管理动态更新机制，为排污权改革工作科学决策、管理做好数据保障。截至2022年12月2日，银川市共开展排污权交易80笔，交易数量位列全区第一，占比58%。其中，一级市场交易71笔、二级市场交易9笔，共交易二氧化硫11.926 t、氮氧化物39.275 t、化学需氧量24.505 t、氨氮约6.451 t，成交总额177.348万元。

5.3 碳排放权交易

“1+N”政策体系的细化方案渐次落地。党的二十大报告明确指出，要“积极稳妥推进碳达峰碳中和”“完善能源消耗总量和强度调控，重点控制化石能源消费，逐步转向碳排放总量和强度‘双控’制度”“完善碳排放统计核算制度，健全碳排放权市场交易制度”。截至2022年年底，累计有23个省级行政区发布了当地的碳达峰意见或方案。其中，江西、上海、海南等16个省级行政区正式印发了碳达峰实施方案，因地制宜提出了2025年和2030年的阶段性目标。绝大部分省级行政区在所发布政策文件中提到了要积极参与、建设全国碳排放权交易市场相关工作，严格开展碳排放配额分配和清缴、温室气体排放报告核查，加强对重点排放单位和技术服务机构的监管等内容，全面推进市场化机制建设。

碳排放权交易第一个履约周期成效显著。2022年2月，生态环境部印发《关于做好全国碳市场第一个履约周期后续相关工作的通知》，对重点排放单位配额清缴的时间节点、清缴量以及相关操作规范等提出了明确要求。2022年7月，全国碳市场完成第一个履约周期，碳市场激励约束作用初步显现。通过市场机制首次在全国范围内将碳减排责任落实到企业，增强了企业“排碳有成本、减碳有收益”的低碳发展意识，有效发挥了碳定价功能。2022年12月，生态环境部发布《全国碳排放权交易市场第一个履约周期报告》，系统总结了全国碳排放权交易市场第一个履约周期建设运行经验。报告指出，总体来看，经过第一个履约周期建设运行，全国碳市场运行框架基本建立，初步打通了各关键环节间的堵点、难点，价格发现机制作用初步显现，企业减排意识和能力水平得到有效提高，通过专项监督帮扶等措施有效提升碳排放数据质量，实现了预期建设目标。全国碳市场建设运行对促进全社会低成本减排发挥了积极作用。

碳排放权交易第二个履约周期稳步推进。全国碳市场第二个履约周期开始阶段，碳市场交易低迷、企业碳排放数据质量有待提高等诸多问题逐渐暴露，反映出配套政策体系的不足，亟须明确市场政策，为交易各方提供明确的政策预期。2022 年 11 月，生态环境部下发《2021、2022 年度全国碳排放权交易配额总量设定与分配实施方案》（征求意见稿），明确了第二个履约周期（2021—2022 年）配额分配的方法及规则，明确配额发放规模将在未来逐步收紧。主管部门也对发电企业碳排放的核算方法进行了修订，并于 11 月对外征求意见，以期补上政策漏洞、帮助提高企业碳排放数据质量。此外，北京、江苏、浙江、宁夏四地也在 2022 年分别提出针对碳配额的“创新有偿分配机制”。截至 2022 年 12 月 31 日，碳排放配额累计成交量 2.27 亿 t。2022 年度碳排放配额成交量 5 088.95 万 t。全国碳市场在 12 月达到交易井喷。2022 年度成交额 28.14 亿元，2022 年 12 月 22 日，全国碳市场累计成交额突破 100 亿元大关（图 5-1）。

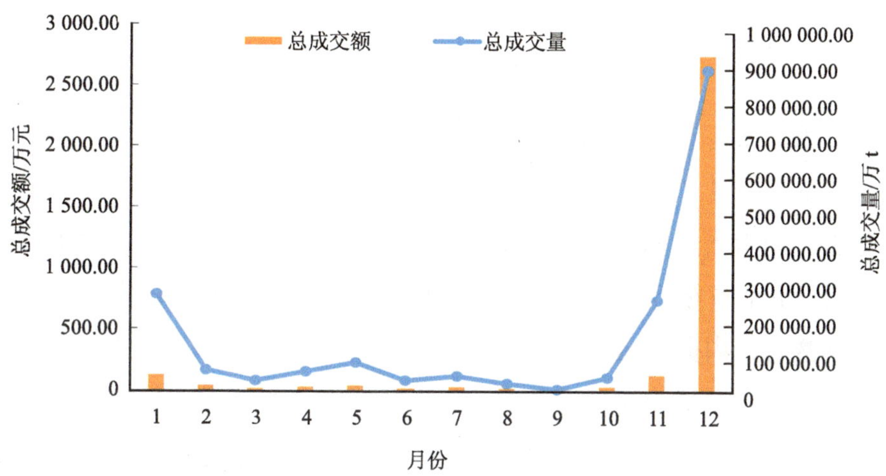

图 5-1　2022 年 1—12 月全国碳市场总成交额及总成交量

5.4　水权交易

部委联合发布政策进一步推进用水权改革。2022 年 8 月 26 日，水利部、国家发展改革委、财政部联合印发《关于推进用水权改革的指导意见》。意见支持进一步推进用水权改革，明确要加快用水权初始分配，推进用水权市场化交易，健全完善水权交易平台，加强用水权交易监管。文件提出，到 2025 年，用水权初始分配制度基本建立，区域水权、取用水户取水权基本明晰，用水权交易机制进一步完善，用水权市场化交易趋于活跃，交易监管全面加强，全国统一的用水权交易市场初步建立；到 2035 年，归属清晰、权责明确、流转顺畅、监管有效的用水权制度体系全面建立，用水权改革促进水资源优化配置和集约节约安全利用的作用全面发挥。

5.4.1 全国水权交易市场实践进展

2022 年成交单数总量相较 2021 年大幅增长（表 5-1）。其中，区域水权交易共有 4 个省级行政区参与，成交单数从高到低分别为山东省、江苏省、河南省、四川省，成交单数较 2021 年有一定增长；取水权交易共有 10 个省级行政区参加，成交单数从高至低分别为山东省、江苏省、安徽省、内蒙古自治区、四川省、山西省、吉林省、重庆市、黑龙江省、甘肃省，成交单数较 2021 年增长明显；灌溉用水户水权交易共有 5 个省级行政区参加，成交单数从高至低分别为甘肃省、山东省、山西省、河北省、湖南省，成交单数较 2021 年大幅增长。

表 5-1　全国水权交易成交单数统计　　单位：单

年份	总计	区域水权交易	取水权交易	灌溉用水户交易
2018	51	1	46	4
2019	237	0	12	225
2020	273	3	48	222
2021	1 510	2	89	1 419
2022	3 899	7	162	3 730

2022 年水权成交总量相较 2021 年有所下降（表 5-2）。其中取水权交易成交量出现明显下滑，区域水权交易和灌溉用水户交易的成交量较 2021 年大幅增长。

2022 年水权交易规模飞速上升（表 5-3）。2022 年全国水权交易规模为 42 108 006 580.3 万元，其中区域水权交易占 99%，其中河南省以 1 单 2 200 万 m^3 的成交量达成了 42 108 000 000 万元的区域水权交易金额；取水权交易规模为 4 448.9 万元，灌溉用水户交易规模仅 422.9 万元。

表 5-2 全国水权交易成交量统计 单位：万 m^3

年份	总计	区域水权交易	取水权交易	灌溉用水户交易
2018	133 096.6	4 190	1 288 66.5	40.1
2019	11 492.2	0	10 758.4	733.8
2020	30 023.7	29 017	511.5	495.2
2021	30 768	1 000	28 910	858
2022	25 304.3	10 960	12 653.7	1 690.6

表 5-3 全国水权交易成交金额统计 单位：万元

年份	总计	区域水权交易	取水权交易	灌溉用水户交易
2018	78 555.8	1 231.9	77 319.9	4
2019	6 472.6	0	6 417.4	55.2
2020	36 363.4	36 105.7	218.8	38.9
2021	15 936.1	1 010	14 849	77.1
2022	42 108 006 580.3	42 108 001 708.5	4 448.9	422.9

5.4.2 地方实践进展

宁夏开展用水权改革、完成全区水量确权工作。2022 年 4 月，为坚决贯彻落实自治区党委“四权”改革统一部署，持续推进用水权改革“提质增效”，宁夏回族自治区用水权改革专项领导小组办公室正式印发《2022 年宁夏用水权改革工作要点》。宁夏回族自治区用水权改革工作围绕强化制度引领、推进用水权确权、开展用水权收储交易等 5 项内容展开。8 月 22 日，宁夏全区所有县区的农业、工业和规模化畜禽养殖业水量确权工作全面完成。经核定，全区确权灌溉面积 1 042.8 万亩，确权水量 41.6 亿 m^3。建立工业企业用水台账 3 953 家，工业用水确权总量 4.8 亿 m^3，排查出直接从河流湖泊、地下取水的无证“黑户”企业 158

家、公共供水管网内“无用水权”企业 3 235 家，工业用水权超出县区控制指标的全部进行市场化交易。

重庆市开展探索农业水权交易。2016—2018 年，荣昌区作为重庆市水权试点区县，积极探索开展水资源确权登记、水权制度建设，取得了阶段性成果。2022 年 5 月，在重庆市荣昌区水利局指导下，荣昌区昌州街道红岩坪村村民委员会与重庆金石混凝土有限公司在中国水权交易所完成用水权交易，将其在李家岩水库的农业水权转让给重庆金石混凝土有限公司。双方协商确定交易期限为 2022 年 5 月 16 日至 2025 年 3 月 12 日，总交易水量为 15 万 m^3，交易价格为 0.12 元/m^3。这是重庆市首例在国家水权交易平台完成的用水权交易，也是重庆市首例用水权交易，标志着重庆市水权交易工作取得突破性进展。该项水权转让的成功交易，既解决了重庆金石混凝土有限公司新增用水问题，也让重庆市荣昌区昌州街道红岩坪村村民委员会增加了经济收入，盘活了李家岩水库农业水权的使用率和经济价值，对荣昌区利用市场机制激发各行业节水积极性起到很好的示范和促进作用。

河南省探索多形式水权交易。2022 年 8 月，为深入推进河南省水源、水权、水利、水工、水务“五水综改”重点工作，河南省“五水综改”工作领导小组在郑州组织 4 宗水权交易集中签约：郑州市政府与南阳市政府签订南水北调水权交易意向书，河南省水投集团与出山店水库、前坪水库管理局签订供水收费权转让协议，光山县五岳水库管理局与河南新华五岳抽水蓄能发电有限公司签订了用水指标转让协议。本次水权集中签约，共选取了三种形式的交易：一是南水北调用水指标转让——郑州市与南阳市的南水北调水权交易，探索如何利用市场机制解决重大调水工程运行初期区域之间用水需求不平衡问题。二是大型水库用水指标转让——五岳水库与五岳抽水蓄能电站的水权交易，探索如何利用市场机制实现取水用途转换、水能向电能转换。三是大型水库供水收费权转让——出山店水库、前坪水库与省水投集团的水权交易，探索如何利用市场机制解决水库建设项目结算和贷款融资问题；出山店和前坪水库供水收费权转让，是河南省首笔水资源资产盘活类交易项目，在重大水利基础设施融资创新领域实现了突破。

四川省探索开展取水权交易。2022 年 9 月，四川省资阳市水务燃气有限责任公司与资阳海天水务有限公司取水权交易在中国水权交易所成交，这是四川省首单水权交易成交，标志着四川省水权改革取得突破性进展。资阳市是四川省极度缺水的川中老旱区，人均水资源量仅 513 m^3，水资源先天不足、利用效率后天不高，特别是饮用水水源地水库的生活供水与农业灌溉用水、生态用水矛盾日益突出。此次交易双方均取水自资阳市雁江区老鹰水库，用途均为制水供水。受让方资阳海天水务有限公司主要承担资阳市城区生活供水，随着城市化进程的加快，年度取水量已超许可指标。同时，老鹰水库也已无多余可分配水量指标。这种情况下，出让方资阳市水务燃气有限责任公司通过生产结构调整和工艺改进，年度取水指标有较大结余。在省、市、县水利部门指导下，交易双方以 0.15 元/m^3 的价格达成 200 万 m^3 地表水取水权交易，交易额 30 万元，交易期为 1 年。

黑龙江探索开展取水权交易。2022 年，黑龙江省水利厅提出探索开展用水权交易工作，鹤岗市委、市政府高度重视，将开启水权市场化交易作为市重点工作。鹤岗市水务局按照市政府部署，多次调研企业用水需求，深入了解水权交易意向，通过比选分析、政策宣贯等工作，探索推进水权市场化交易。中海石油华鹤煤化有限公司年许可水量 808.32 万 m^3，通过投资节水设施、技术改造等，每年可节约水量 81.6 万 m^3，万隆热力供应公司近年来生产规模不断扩大，用水量不断增加。经鹤岗市水务局同意，中海石油华鹤煤化有限公司在国家水权交易平台以公开交易形式转让其取水权，挂牌水量 49 万 m^3/a，交易期限 2 年。挂牌期内，2 家企业进行应牌，按照“时间优先、价格优先”原则，由鹤岗市万隆热力供应有限公司竞得取水权。2022 年 9 月 27 日，中海石油华鹤煤化有限公司与鹤岗市万隆热力供应有限公司取水权交易在中国水权交易所成交，这是黑龙江省首单在国家水权交易平台完成的取水权交易。

吉林省探索开展工业企业类水权交易。2022 年 12 月 19 日，吉林紫金铜业有限公司与珲春兴阳水产有限公司、珲春东鹏工贸有限公司、珲春老姬海产发展有限公司等三家企业取水权交易在国家水权交易平台顺利成交，这是吉林省首单水权交易，标志着吉林省用水权市场化交易工作取得突破性进展。吉林紫金铜业有限公司通过投资节水改造等措施，生产用水重复利用率、冷却水循环水率大幅提升，节水效果显著，用水量逐年下降，低于取水许可证载明的许可水量。珲春兴阳水产有限公司、珲春东鹏工贸有限公司、珲春老姬海产发展有限公司等三家企业均为水产品加工企业，因企业用水量较大，城市供水管网难以满足实际用水需求。经珲春市水利局批准，4 家企业在国家水权交易平台完成 45.5 万 m^3 取水权交易，交易价格为 1.2 元/m^3，交易额为 54.6 万元，交易期限 1 年。

淮河水利委员会完成全国首单流域管理机构审批的取水权交易。2022 年 12 月 22 日，淮河水利委员会批复同意郯城县水利局与郯城县水务集团的取水权交易方案，并在中国水权交易所完成交易，这是淮河水利委员会批复完成的首单取水权交易，也是国家水权交易平台成交的首单流域管理机构审批的取水权交易。郯城县隶属山东省临沂市，由于现状取水许可水量已达区域用水总量控制指标，水权交易成为当地解决新增用水需求、破解用水困局的重要举措。郯城县李庄灌区通过渠道衬砌、高效节水灌溉、种植结构调整等节水措施，形成节余水量。经充分论证灌区可交易水量，郯城县水利局将其持有的李庄灌区 1 000 万 m^3 灌溉节约水量指标转让给郯城县水务集团工业地表水厂，交易期限为 3 年。2022 年 12 月上旬，淮河水利委员会批复同意交易方案，交易双方通过中国水权交易所公开、公平、公正完成交易。本次取水权的成功交易，在严控地表水增量的前提下，利用市场机制优化郯城县沂河水资源配置，实现了农业节水和保障郯城经济开发区化工园区新增生产用水需求“双赢”，形成以农业节水支持工业发展、以工业发展拓宽灌区节水设施建设和运维资金渠道的良性运行机制，具有典型示范意义。

惠民县建成山东省首家县级水权交易服务平台，并建立配套管理制度。该服务平台集申报、审核、交易、监管等功能于一体，实时进行数据共享交换，用水户在交易中心网站提交一次资料即可完成全流程的水权交易，极大提高了水权交易的可操作性和便利性。2021 年 12 月 16 日，惠民县水权交易服务平台正式启用，12 月 28 日完成了平台首例挂牌交易。

5.5 用能权交易

国家加大用能权市场建设支持力度。2022 年 1 月，国务院办公厅发布《要素市场化配置综合改革试点总体方案》，提出在明确生态保护红线、环境质量底线、资源利用上线等基础上，支持试点地区进一步健全用能权交易机制；探索建立用能权指标有偿取得机制，丰富交易品种和交易方式。在政策指引下，浙江省、福建省、河南省、四川省 4 个于 2016 年开展试点工作的省份进一步推出多项用能权交易支持政策，提高用能权试点建设速度与质量。除试点四省外，全国其余省（区、市）均积极响应国家“十四五”规划对用能权市场建设的要求，在省级规划中列入用能权市场的内容，在省级层面对用能权市场建设提供支持，多市在市级层面出台政策与规划，进一步提高对用能权市场建设的支持力度，有关政策覆盖高碳行业低碳改造、产业转型升级、金融、环境权益交易市场协调建设等多个领域，对我国建设全国用能权交易市场以通过市场化手段促进产业提效转型、推动绿色发展具有显著促进作用。

河南省规范完善用能权交易市场。2022 年 4 月，河南省人民政府办公厅印发了《河南省用能权有偿使用和交易试点实施方案》，明确到 2025 年，建立基本完善的用能权有偿使用和交易制度体系，建成交易规范有序、监管严格高效、要素流通便捷的用能权交易市场，形成能源消费总量和强度双控目标下低成本市场化交易模式。为此，河南省将完成好四大重点任务，即明确交易主体、品种及类别；核定用能权配额；规范交易市场行为；落实履约责任。2022 年 7 月，河南省发展改革委印发《河南省用能权有偿使用和交易确权管理暂行办法》《河南省用能权有偿使用和交易第三方审核机构管理暂行办法》，作为全省组织开展用能权有偿使用和交易活动的基本依据，着重明确了用能权交易指标的核定方法。

江西省实行用能权交易政府定价管理。2022 年 6 月，江西省发展改革委就有关用能权等交易服务收费标准事项进行批复，加快推动用能权等交易试点工作，用能权等节能环保类权益交易服务收费属经营服务性收费，实行政府定价管理。批复中规定，交易服务收费根据单笔交易成交金额实行超额累退机制，收费标准按交易模式分类确定。交易模式分为电子竞价、单向竞价等竞争性模式交易和协议转让、挂牌点选等非竞争性模式交易。单笔交易向交易双方收取的服务费总额不足 500 元的按 500 元收取，超过 10 万元的按 10 万元收取。交易机构应当严格执行收费标准，不得擅自提高，也不得以其他名目收取费用。该收费标准自 2022 年 6 月 15 日起执行，试行期 2 年。

黑龙江省开展用能权模拟交易。2022 年 11 月，黑龙江省发展改革委依托黑龙江碳排放权交易中心碳汇交易平台创建的“黑龙江省用能权交易平台”上线试运营，并完成黑龙江省首宗用能权模拟交易，成交总量 4 270 t，成交额 93.94 万元。本次模拟交易选择水泥行业，并以国家水泥行业能耗 2 级限额为定额标准确定了企业可交易买卖的能源规模。11 月 3 日公开挂牌后，3 家符合资格条件的意向受让方经过 11 轮竞价，从 200 元/t 底价竞价到 220 元/t，溢价率达 10%，哈尔滨市一家水泥企业最终成为成交受让方，所购能耗指标用于抵消企业超出限额标准的能源消费量，实现扩大生产和绿色发展两不误，并帮助减排企业实现节能资源变现、保值增值，同时获得较好的社会效益和经济效益。

青岛市探索开展用能权交易。2022 年 1 月，青岛市人民政府印发《关于开展用能权交易工作的实施意见》，明确提出“先煤炭、后其他，先增量、后存量”分步推进全市用能权交易工作的总体思路，将以新建耗煤项目为突破口，以六大高耗能行业为重点，率先启动用煤权交易工作，将交易范围逐步扩大至全行业年耗能 5 000 t 标准煤以上的重点企业。在 2022 年 6 月青岛市用能权交易工作启动仪式上，城投集团、青岛国投、青岛能源集团、海湾集团 4 家企业签署了青岛市首单用能权交易协议。2022 年 7 月，青岛市发展改革委等七部门联合印发《青岛市用能权交易实施细则（试行）》，对青岛市用能权交易过程中的能耗指标确定、能耗指标收储、能耗指标使用等环节进行了明确，为青岛市用能权交易的实施提供了操作指南。

5.6 其他环境权益交易

地方探索碳普惠新模式。2022 年 4 月，北京绿色交易所联合上海环境能源交易所、广州碳排放权交易中心、天津排放权交易所、湖北碳排放权交易中心、海峡资源环境交易中心、四川联合环境交易所、重庆联合产权交易所、深圳排放权交易所，共 9 家国家级碳排放权交易平台共同启动“碳普惠共同机制”，并发布《碳普惠共同机制宣言》。目前，北京、上海、广东、安徽、浙江、深圳、江苏等省（市）已经展开了碳普惠制度探索。2022 年 2 月，上海市生态环境局就《上海市碳普惠机制建设工作方案》公开征求意见，文件内容显示上海将探索建立区域性个人碳账户，引导碳普惠减排量通过抵消机制进入上海碳排放权交易市场，支持与鼓励上海纳管企业购买碳普惠减排量并通过抵消机制完成碳排放权交易的清缴履约。2022 年 3 月，全国首个省级碳普惠应用“浙江碳普惠”正式上线，通过建立浙江省碳普惠核算标准体系和碳普惠技术体系，实现公众低碳行为的量化和全省标准的统一，为市民和小微企业的节能减碳行为赋予价值并建立激励机制。2022 年 4 月，广东省生态环境厅印发《广东省碳普惠交易管理办法》，指出将充分调动全社会节能降碳的积极性，促进形成绿色低碳循环发展的生产生活方式，深化完善广东省碳普惠自愿减排机制，进一步规范碳普惠管理和交易。2022 年 11 月 16 日，全国首个市场化碳普惠交易体系在江苏省苏州工业园区正式启用，为园区内的中小微企业提供家门口的碳减排量认证和交易服务，推动绿色低碳生产方式转型。2022 年 12 月 12 日，在“2022 碳达峰碳中和论坛暨深圳国际低碳城论坛”上，由深圳市生态环境局、深圳排放权交易所与腾讯联合打造的“低碳星球”小程序宣布完成首次碳普惠核证减排量交易，这也是深圳市民个人碳普惠减排量的首次交易。2022 年 12 月 20 日，安徽省碳普惠平台正式启动。安徽省碳普惠平台是安徽“双碳数智平台”的重要组成部分，该平台通过科技手段，记录个人绿色低碳行为，将形成个人“碳账本”，居民凭个人“碳账本”可兑换多种权益。

5.7 小结

5.7.1 存在的问题

（1）自然资源产权交易

自然资源确权登记法律基础不足，交易市场不完善，任务方案有待明确细化。目前自然资源产权基础法律规定尚未出台，同时没有明确的中央政府行使所有权及委托地方政府代理行使所有权清单，自然资源全民所有制的改革工作仍在试点过程中，致使自然资源确权登记无法明确具体的管辖对象，具体工作任务无法细化，对自然公园、自然保护区等的产权登记等的工作也造成阻碍。自然资源使用权无法进行有效交易，使得自然资源的市场实际价值偏低，市场竞争的核心动力下降。

（2）排污权交易

二级市场规模及市场活跃度不足。目前国家批复的 12 个排污权试点省（市）中，除浙江、福建二级市场交易较为活跃外，其他试点省（市）主要集中在一级市场交易，企业之间自发产生的二级市场交易行为依然较为少见，试点省（市）整体的二级市场活跃度和市场规模有待持续挖掘和培育壮大。

政府主导的总量控制和指标分配机制尚不完善。由于排污权试点地区环境容量尚未明确、总量控制的上限没有划定，政府储备调控机制与区域环境质量目标的相关性和挂钩程度仍然较弱，指标的初始分配难以结合环境质量和容量。此外，目前各地区制定配额有偿分配方式和定价方法不统一、不规范，大多数免费发放，仅有部分地区采用定价发放的有偿分配方式，少有基于拍卖的方式进行市场化的初级分配。这使得排污权交易难以建立真正的市场机制、真实反映排污权价值，控排企业参与积极性不足，市场活跃度难以有效激发。

交易范围均局限于市级行政区域。大多数省（市）交易范围均局限于市级行政区域，市级根据管理需要再切割成更小板块，板块与板块之间禁止或限制排污权流通，导致市场参与主体不足、市场体量过小、交易不活跃，阻碍了交易市场的发育。

交易覆盖污染物范围不够广泛。目前大部分试点排污权市场主要针对气体和水体进行管控，覆盖的污染物为化学需氧量（COD）、氨氮（NH_3-N）、二氧化硫（SO_2）和氮氧化物（NO_x），而对一氧化碳、颗粒物、臭氧、碳氢化合物、挥发性有机物、硫氧化物等气体污染物，硫化物、无机酸碱盐、氟化物、氰化物、氨基酸、有机氯等水体污染物，以及重金属污染物等的重视和防控不足。

（3）碳排放权交易

碳排放权法律属性尚不明确。碳排放交易体系的稳妥运行高度依赖法律法规的政策保障。全国碳市场现行上位法为 2020 年生态环境部以部门规章形式发布的《碳排放权交易管理办法（试行）》，受限于法律层级，该文件并未对碳排放权的法律属性和经济属性予以明确，进一步引起碳排放权担保适用性、碳交易纳税适用性、司法冻结执行等诸多具体实践争议。

全国碳市场交易结构单一。目前全国碳市场交易结构呈现出四个“单一”：首先是市场参与人单一，《碳排放权交易管理办法（试行）》明确规定，非控排企业中符合国家有关交易规则的机构和个人允许参与碳交易，但还没有关于个人参与全国碳市场的相关规定，投资机构和个人投资者的参与活跃度不足；同时，全国碳市场仅覆盖发电行业企业一类交易主体，纳入行业不足。其次是市场供需结构单一，现阶段企业多以完成履约为交易动机，具有高度相似的交易策略和持仓结构，容易形成惜售、抛售等“一边倒”式的供需格局。再次是碳配额分配方式单一，我国现存的配额分配是以历史排放法为主、基准线法为辅的免费配额分配方式，拍卖以及其他有偿分配方式不足。最后是交易产品及方式单一，目前全国碳市场交易产品主要是以二氧化碳为产品的碳排放权配额交易，在交易方式上仅提供现货、全额的交易方式，碳金融及碳资产管理产品开发及交易不足。

碳市场定价机制有待完善。价格发现是碳市场优化资源配置、引导社会投融资的落脚点，现阶段全国碳市场仅有二级市场一个定价层次，受制于市场活跃度和流动性，碳价信号的有效性不足，碳资产的估值体系不完善，对社会资本的引导和激励作用不强。

（4）水权交易

水权交易市场发育缓慢。虽然与 2021 年相比，2022 年水权交易数量及规模明显上升，但是从地理分布层面来看，目前的水权交易主要集中在北方缺水地区，南方丰水地区交易动力不足，水权交易市场活跃度仍不足。此外，群众普遍缺乏用水权交易的意识，部分群众虽然知道用水权可以交易，但由于顾虑在枯水年受气候和来水量少等因素的影响，导致结余的用水指标无法被用水户“出手”。

交易平台建设不够规范。初步调查表明，除了国家级水权交易平台以外，地方成立的 110 多家平台大多没有按照国务院清理整顿各类交易场所要求严格履行报批程序，有的地区在专门设立的水权交易平台开展交易，有的地区在公共资源交易平台等其他交易平台开展交易，各类平台规则不一、标准不同、层级较多，不利于统一监管。

（5）用能权交易

用能权交易市场与碳排放权交易市场的界限尚不清晰。从当前国家及各省、市的用能权发展规划、支持政策来看，对用能权市场与碳市场的协同已获得各级政府的重视，用能权交易制度通过设定能源消费总量目标并将其确权给用能主体用于交易，供需双方形成的市场价格可以使边际用能成本较低的企业从中获利，并加强节能力度，从而降低用能成本，这一交易机制表明在适当的制度设计与引导下，用能权市场可与碳市场在一定程度上形成互补。未来随着全国碳市场纳入更多行业，并逐步推进全国用能权交易市场建设，如何从确权、核查、监管、平台建设等角度对用能权与碳排放权做好区分与协调仍是核心难题之一。

用能权交易市场法律法规尚不健全，技术支撑不足。一方面，目前用能权有偿使用和交易机制尚在试点阶段，影响范围有限，尚未有国家立法支持，难以实现跨区域交易；另一方面，用能权交易市场在确权、监测、核算、核查等技术支撑方面不如碳市场完善，缺乏标准规范支撑，不利于用能权的科学初始确权、配额分配和对综合能耗量的有效监测，市场基础有待进一步稳固。

（6）其他环境权益交易

碳普惠标准不统一、市场分割、减排功能有限。“双碳”目标下，各地纷纷探索“碳普惠”机制，当前推出的碳普惠机制存在标准不统一、市场分割、消纳渠道不畅通、减排功能有限等一系列问题，需要构建可复制、可推广、可持续的碳普惠模式，使其逐渐成为自愿减排市场的重要补充。

碳行为数据采集面临着数据技术和个人隐私两大难题。个人低碳行为数据渠道整合、数据处理与管理、数据反馈与应用等方面的智能技术应用并不普遍，仍存在个人减排数据收集与管理成本高、数据不准确等问题。在个人隐私方面，碳排放数据获取需要在数据隐私保护与公共应用之间取得平衡。

5.7.2 发展方向

（1）自然资源产权交易

完善自然资源交易市场。做好自然资源产权制度的整体规划和顶层设计，尽快出台相关法律，尽快出台中央政府行使所有权和委托地方政府代理行使所有权的全民所有自然资源管理资源清单。同时，要进一步完善自然资源市场的产权制度，规范准入制度和市场竞争规则，确保各类主体在自然资源产权交易市场上实现公平竞争，健全监督管理机制，达到自然资源使用效益的最大化。

（2）排污权交易

加快开展区域性、全国性排污权交易市场建设工作。根据《中共中央 国务院关于加快建设全国统一大市场的意见》要求，建议有关部门参考碳排放权交易市场由地方过渡至全国的经验，总结试点排污权交易市场的成败得失，探索建设跨区域乃至全国性的排污权交易市场，将全国排污权交易市场的登记、注册、交易等职能赋予试点阶段表现优秀的地方市场，从而促进排污权交易由地方向全国的过渡。

建立科学规范的总量指标核定机制以及排放权分配方法。建议政府结合地区环境质量和容量确定区域内排污单位许可排放总量的上限目标，同时根据行业、企业具体生产经营情况规划年度减排任务，层层分解，实现排污权与地区环境容量的有效衔接。针对排放权分配中存在的问题，明确配额分配和排污权定价的指导，根据本地实际情况选择合理的定价方法和配额期限，使得排污权的价格能够市场化，真实体现供需状况。

完善排污权交易的法律基础和配套措施，提升市场交易活跃度。目前制约排污权交易活跃度提升的主要因素在于排污权的法律权属不明确、排放监测体系无法及时准确测算排放权的盈缺，以及缺乏统一透明的排污权登记注册交易系统。建议有关部门完善排污权交易法律基础和配套措施，加快推进排污权的权属认定，并制定相关的监测技术标准，推广污染物排放源的连续实时监测，提升二级市场交易活跃度。

逐步扩大排污权交易污染物覆盖范围。建议有关部门加强研究设计，逐步探索将更多的污染物种类纳入排污权交易体系。通过市场与行政相结合的手段，更好地管控重金属等对人类生产生活具有高危害性的污染物。

（3）碳排放权交易

尽快出台上位法"碳排放权交易管理暂行条例"。在条例中对碳排放配额的法律属性予以定性，明确碳排放权的担保适用性，并对履约清缴等涉及市场主体权利、义务事项和相关方权责划分等内容加以明确。

进一步完善碳市场定价机制。兼顾行业公平的原则，扩大碳市场覆盖范围，降低非履约企业入市门槛，引入多层次市场参与主体，提升市场整体活跃度和流动性，切实巩固价格发现机制的根基；适时探索有偿分配，有偿分配又分为拍卖分配和固定价格分配，能够促进内化企业减排成本，建立一级市场定价体系，形成对现有碳价的有效补充；加强对碳金融工具的研究，进一步鼓励开发碳指数等辅助碳定价产品，为市场参与者把握供需及价格变化提供权威指标，为金融机构准确进行碳资产价值评估提供参考，为气候投融资创新业务发展提供基础。

完善国家核证自愿减排量（CCER）顶层设计，逐步拓展碳排放权交易相关产品种类。一方面，经过第一个履约周期抵消机制使用，原有市场存量 CCER 项目已被大量消纳；另一方面，自愿碳市场作为强制碳市场的重要补充，可以发挥对非履约主体在碳减排方面的激励作用，推动经济社会以能源结构为首的系统性转变。因此，为保证第二个履约周期抵消机制有序运行，激励经济社会各类主体减排，应尽快完善自愿减排机制顶层设计，修订《温室气体自愿减排交易管理办法（试行）》和配套技术标准，适时重启 CCER 项目签发，形成自愿减排市场和强制配额市场的有效联动，丰富碳交易产品类型。

（4）水权交易

统筹水权交易平台建设，强化水权交易监管。充分发挥国家级水权交易平台作用，建立健全统一的水权交易系统，统一交易规则、技术标准、数据规范，统筹做好水权交易系统与取水许可电子证照系统、国家水资源监测系统等的互联互通。坚持“统一入口、行业监管”的原则，加强水权交易平台与公共资源交易平台合作，通过改造现有系统数据接口等措施，实现数据共享、融合发展。

加大水权交易宣传力度。强化舆论引导，利用门户网站等加强水商品、水市场的宣传和《水权交易管理暂行办法》等政策解读，普及水权交易知识，提高各级水行政主管部门和社会公众对水权交易的认可度和参与度。建立健全水权交易激励机制，研究实施有利于水权交易开展的激励措施，鼓励和引导供用水双方、社会资本参与水权交易。

（5）用能权交易

尽快厘清用能权市场与其余环境权益交易的关系。有必要尽快厘清用能权在环境权益市场中的定位、覆盖范围、针对对象等，如可考虑以碳排放权规制发电企业等产能单位，而以用能权规制制造业企业等用能单位，从而实现针对不同主体的差异化管理。在全国用能权市场建设之初，应对用能权的概念、边界等关键因素充分论证，保障实现提高市场运行效率、减小企业不必要的负担、实现预期的促进节能减排效果等目标。

完善用能权交易法律与制度基础。一方面，可参考碳排放权交易市场建设经验，通过《用能权交易管理办法》为用能权交易市场的各基本事项提供政策依据，并逐步推进“用能权交易管理条例”的立法工作，完善法律体系；另一方面，我国可考虑通过出台有关政策，推进用能权跨区域交易的试点及建设活动，促进用能权指标在不同地区之间流转，从而在提高市场流动性、推动形成有效的用能权价格、促进单位能源资本的生产率提升的同时倒逼完善用能权的监管制度。

（6）其他环境权益交易

鼓励发展碳普惠体系。建议将建立碳普惠长效机制纳入国家顶层设计，将绿色低碳全民行动作为我国“双碳”目标实现的重要举措之一；同时，鼓励地方碳普惠减排项目和公众减排场景标准统一和互认，最终形成一个与全国碳市场并行的高质量、多层次自愿减排交易市场体系。

强化技术应用与隐私数据保护。强化应用区块链、机器学习等智能技术，准确评估个人碳排放信息，提供个性化减排建议。进一步完善数据治理规则，对数据隐私进行保护，确立数据权属界定方法，明确区分数据作为私人产品和准公共品、公共品的边界。

6 绿色税收政策

我国已构建以环境保护税为主体，资源税为重点，车船税、车辆购置税、增值税、消费税、企业所得税等税种为辅助的绿色税收体系，涵盖资源开采、生产、流通、消费、排放五大环节，在用财税手段践行绿色发展理念、推进生态文明建设方面做出了有益探索。

6.1 环境保护税

健全的环境保护税制度将使污染物的排放价格信号更加清晰，有利于促进环境污染管控与治理领域的绿色技术创新，也有利于吸引资金向更绿色、更环保的领域流动和倾斜，对保护和改善环境，减少污染物排放，推动绿色转型发展具有重要意义。

收入规模持续稳定。根据财政部公布的 2022 年财政收支情况，全国税收收入 166 614 亿元，较上年下降 3.5%，扣除留抵退税因素后增长 6.6%；其中，环境保护税 211 亿元，较上年增长 3.9%，占全国税收收入的 0.13%。环境保护税开征以来，2018 年、2019 年、2020 年、2021 年收入分别为 151 亿元、221 亿元、207 亿元、203 亿元，整体收入规模保持稳定（图 6-1）。

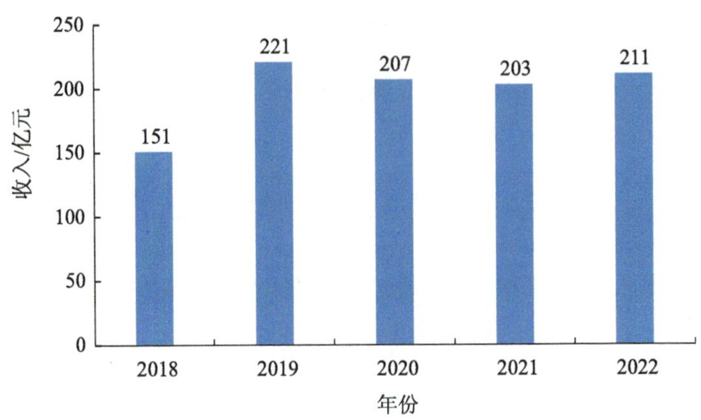

图 6-1　2018—2022 年全国环境保护税收入

地方更新完善征收制度。为贯彻落实《中华人民共和国环境保护税法》等相关规定，加强环境保护税征收管理，规范环境保护税核定计算，维护纳税人合法权益，地方税务局与生态环境厅（局）持续完善环境保护税收制度，详见表 6-1。环境保护税针对不同危害程度的污染因子设置差别化的污染当量值，利用“多排多征、少排少征、不排不征”的政策，有效指导企业树立节约型环境保护理念。通过优化税收支持政策体系，发挥税收政策对节能减排行为的激励作用，保护企业参与环保事业的积极性，进一步激发社会对节能减排的热情和动力，促进企业提升产品质量。

双向发力促绿色升级。环境保护税自 2018 年开征以来，引导和激励企业加大环保减排力度，倒逼企业升级工艺、淘汰落后产能，同时加大环保设备投入及改造，加快企业转型升级，在政策正向激励下，越来越多的企业走上节能减排的绿色发展之路。以青海省为例，环境保护税开征 5 年来，全省排污企业通过升级环保设施，降低污染物排放量和浓度值，享受税收减免 10 072 万元，减免税额占环境保护税应纳税额的平均比例为 20%；纳税人排放的应税污染物浓度值低于国家和地方规定标准的 30%和 50%，分别减征 2 981 万元和 3 678 万元。落实税费政策城乡污水处理厂减免税额幅度最大，企业通过生物处理法、化学处理法等技术进行污染治理，实现超低排放，享受免税红利 3 409 万元，占减免税总额的 33.85%。

表 6-1　地方层面出台的环境保护税政策

序号	政策名称	发布部门	发布时间	文号
1	关于吉林省环境保护税核定计算有关事项的公告	国家税务总局吉林省税务局、吉林省生态环境厅	2022 年 11 月 29 日	国家税务总局吉林省税务局　吉林省生态环境厅公告　2022 年第 5 号
2	关于发布《天津市环境保护税核定征收办法》的公告	国家税务总局天津市税务局、天津市生态环境局	2022 年 11 月 30 日	国家税务总局天津市税务局公告　2022年第8号
3	国家税务总局四川省税务局关于环境保护税核定计算方法相关问题的公告	国家税务总局四川省税务局	2022 年 12 月 5 日	国家税务总局四川省税务局公告　2022年第7号

6.2　资源税

资源税通过实行从价计征，建立税收与资源价格挂钩的直接调节机制，引导市场主体综合开发利用资源，促进资源的节约集约利用，加强生态环境保护。2022 年全国资源税收入 3 389 亿元，较 2021 年增长 48.1%。

推动水资源税改革试点。2022 年 1 月，水利部印发《2022 年水资源管理工作要点》，明确推动全面推开水资源税改革试点，配合财政部、国家税务总局研究制定全面推开水资源税改革试点工作的政策措施。《北京市推进供水高质量发展三年行动方案（征求意见稿）》提出积极推行地下水水资源税差别税率。严格落实《地下水管理条例》，结合地下水资源状况、取用水类型和经济发展等情况推行地下水水资源税差别税率，形成有利于地下水超采治理和城乡供水一体化的税收机制，提高供水单位使用地表水源的积极性。2022 年 11 月，山东省人民政府发布《关于继续执行〈山东省水资源税改革试点实施办法〉的通知》（鲁政字〔2022〕226 号），明确为深入推进水资源税改革试点，山东省人民政府印发的《山东省水资源税改革试点实施办法》（鲁政发〔2017〕42 号）继续执行，有效期至 2027 年 11 月 30 日。

国家支持小微企业资源税减征优惠。2022 年 3 月财政部、国家税务总局发布的《关于进一步实施小微企业“六税两费”减免政策的公告》（财政部　税务总局公告　2022 年第 10 号）明确，在 2022 年 1 月 1 日至 2024 年 12 月 31 日，各地区可根据自己的实际情况和需要对增值税小规模纳税人、小型微利企业和个体工商户在 50%的税额幅度内给予减征资源税、城市维护建设税、房产税、城镇土地使用税、印花税（不含证券交易印花税）、耕地占用税和教育费附加、地方教育附加，在“六税两费”上也给予小微企业一定的税收优惠。

6.3 其他环境相关税收

6.3.1 增值税

我国不断强化增值税的生态保护功能，通过增值税即征即退和留抵退税等方式，引导资源综合利用发展，促进生态保护和环境治理，助推经济社会绿色健康可持续发展。2022 年全国增值税收入 48 717 亿元，较上年下降 23.3%，扣除留抵退税因素后增长 4.5%。

资源综合利用增值税优惠政策完善。《资源综合利用产品和劳务增值税优惠目录（2022 年版）》进一步完善了资源综合利用的增值税优惠政策，主要体现在：①增加再生资源回收纳税人计税方法的选择；②更新资源综合利用产品和劳务增值税优惠目录；③调整资源综合利用退税条件；④加强对增值税即征即退和免税政策的管理。值得注意的是，《财政部　国家税务总局关于完善资源综合利用增值税政策的公告》（财政部　税务总局公告　2021 年第 40 号）对再生资源回收经营业务给予简易计税政策，从源头上解决再生资源回收业务的增值税链条断裂问题，降低资源回收企业的增值税税负。此外，该公告设置了大额退税复查机制和每年对纳税人环保处罚情况的复核，通过加强税务机关与财政部门和生态环境部门的协作配合，规范了资源综合利用增值税优惠政策管理，增强了正向激励作用。

增值税期末留抵退税政策实施力度加大。2022 年 3 月，财政部和国家税务总局联合发布《关于进一步加大增值税期末留抵退税政策实施力度的公告》（财政部　税务总局公告　2022 年第 14 号），加大生态保护和环境治理业等 6 个行业增值税期末留抵退税政策力度，并一次性退还制造业等行业企业存量留抵税额。增值税期末留抵税额退税制度直接为企业提供现金流，有利于减轻企业的税费负担，缓解企业经营压力和资金困境，助力企业进行设备技术改造或科技投入，提升企业绿色低碳转型升级、高质量发展的信心和预期。目前，全国各地切实落实增值税留抵退税政策，积极发挥税收对生态环保的约束和激励作用，截至 2022 年 11 月 10 日，全国税务系统合计办理新增减税降费及退税缓税缓费超 3.7 万亿元。其中，已退到纳税人账户的增值税留抵退税款达 23 097 亿元，超过上年全年退税规模的 3.5 倍。

6.3.2 企业所得税

我国针对环境保护和节能节水项目、清洁发展机制项目、资源综合利用企业和污染防治第三方企业，通过实行优惠税率、减免税额和研发费用加计扣除等税收政策降低企业税负，减少成本，使更多利润留在企业内部，从而有效促进企业加大研发投入，增强企业的绿色创新活力，推动企业绿色转型发展。2022 年全国企业所得税收入 43 690 亿元，较上年增长 3.9%。

延长污染防治第三方治理企业税收优惠政策。2022 年 1 月，财政部和国家税务总局联合发布《关于延长部分税收优惠政策执行期限的公告》（财政部　税务总局公告　2022 年第 4 号），提出自 2019 年 1 月 1 日至 2023 年 12 月 31 日，对符合条件的从事污染防治的第三方企业（以下称第三方治理企业）减按 15%的税率征收企业所得税。继续执行污染防治第三方治理企业的税收优惠政策，有利于降低污染防治第三方治理企业的成本和税收负担，一方面，污染防治第三方治理企业作为社会资本与治理资源，积极参与环境治理市场，有利于减轻政府在企业环境污染治理方面的精力与资金压力；另一方面，由于治理环境污染的技术要求高，多数企业并不具备高效治理污染的人才与技术，污染防治第三方治理企业的发展有利于提高污染治理的规范化、专业化、高效化，更好地提升环境质量，实现节能减排。

6.3.3 消费税

消费税依托调节作用，在生产和消费环节对高耗能、高污染行为加以限制，这凸显了消费税在中国绿色税制发展中的重要功能作用，其绿色低碳功能的发挥至关重要。2022 年国内消费税收入 16 699 亿元，较上年增长 20.3%。

企业受益免征消费税政策明显。2022 年 8 月，国务院常务会决定对新能源汽车，将免征车购税政策延至 2023 年年底，继续予以支持免征车船税和消费税、路权、牌照等。建立新能源汽车产业发展协调机制，用市场化办法促进整车企业优胜劣汰和配套产业发展。大力建设充电桩，对政策性、开发性金融工具予以支持。2022 年 1—8 月中国锂离子电池产量达 151.1 亿只。此外，受到优惠政策等因素的影响，中国涂料产业中水性涂料、粉末涂料、辐射固化涂料、高固体分和无溶剂涂料等环境友好型涂料产量占比不断增加，到 2021 年环境友好型涂料产量已约占中国涂料总产量的 60%，取得了长足发展。

资源综合利用消费税优惠政策成效渐显。2018 年 12 月，财政部和国家税务总局发布《关于延长对废矿物油再生油品免征消费税政策实施期限的通知》（财税〔2018〕144 号），提出继续延长对废矿物油再生油品免征消费税政策至 2023 年 10 月 31 日。废弃油脂是生产生物柴油的主要原材料之一，在消费税税收优惠政策等多项政策的鼓励下，废弃油脂回收利用逐渐规范化，近年来中国生物柴油产量不断增加，2021 年中国生物柴油产量为 1 354.2 万 t，循环利用废弃油脂使之制备生物柴油，推动绿色能源的发展，有利于促进中国能源结构转型，实现中国绿色低碳发展。

6.3.4 车船税

征收车船税不仅可以有效管理配置汽车船舶数量，还能够对公众购买小排量、污染少的汽车起到鼓励作用，促使公众保护环境。根据财政部公布的 2022 年财政收支情况，全国车船税、船舶吨税、烟叶税等其他各项税收收入合计 1 309 亿元，较上年增长 6%。

车船税助力绿色出行。为适应节能与新能源汽车产业发展和技术进步需要，2022 年 1 月，工业和信息化部、财政部、税务总局发布《关于调整享受车船税优惠的节能新能源汽车产品技术要求的公告》（工业和信息化部公告 2022 年第 2 号）。该有关节能、新能源汽车优惠政策调整的发布，一方面合理引导消费者购买轻量化、小型化、低排放乘用车，另一方面也是大力推行绿色设计和绿色制造，促进车企生产更多符合绿色低碳要求、生态环境友好、应用前景广阔的节能、新能源汽车。

全国联网征收系统提升便利度。依托全国车船税联网征收系统，对符合车船税减免条件的公共交通车辆和新能源汽车等实现自动判别条件、自动享受优惠，可进一步提升纳税人享受优惠政策的便利度。以青海省为例，2022 年前 11 个月，青海省合计减免车船税 1 325.1 万元，其中减免公共交通车辆车船税 357.4 万元，减免新能源汽车车船税 184.92 万元，减免节约能源汽车车船税 782.78 万元。与此同时，青海省税务局积极推动构建“税务主责、部门协同、信息共享、保险代收、先税后检”共治格局，积极落实节约能源、新能源车辆车船税优惠政策，持续优化纳税服务，及时更新节约能源、使用新能源汽车车型目录，确保优惠政策直达快享。

6.3.5 车辆购置税

车辆购置税能有效调控轿车保有量以及环境保护的支持，是国家交通基础设施建造的首要资金来源。根据财政部公布的 2022 年财政收支情况，全国车辆购置税征收 2 398 亿元，较上年下降 31.9%。

车辆购置税免征政策延长助力乘用车环保升级。财政部等三部门于 2022 年 9 月发布了《关于延续新能源汽车免征车辆购置税政策的公告》

（财政部　税务总局　工业和信息化部公告　2022 年第 27 号），将新能源车免征购置税的优惠政策延长至 2023 年 12 月 31 日。

减半征收车辆购置税支持汽车产业发展。2022 年 5 月，财政部、国家税务总局出台了《关于减征部分乘用车车辆购置税的公告》（财政部　税务总局公告　2022 年第 20 号）。该公告规定，对购置日期在 2022 年 6 月 1 日至 12 月 31 日且单车价格（不含增值税）不超过 30 万元的 2.0 L 及以下排量乘用车，减半征收车辆购置税。

6.4 小结

6.4.1 存在的问题

环境保护税在征收管理方面仍存在问题。一是税目设置不全且缺乏针对性。税目设置仍存在不周延、应税税目的选择性纳税等诸多问题，如挥发性有机化合物列入环保税税目较少、缺乏独立碳税、新污染物未纳入征税范围等。致使环境保护税的经济效益引导功用受限，环境治理的效果不明显，并形成了一系列新的问题。二是环境监测结果认定缺乏有效监督。现实中自动监测设备普及率较低且可能存在数据造假行为，特别是第三方污染物排放监测机构的客观公正性还存在争议，而且生态环境部门本身又缺乏足够的力量对第三方监测机构进行监督。三是征管部门沟通协调性有待进一步加强。生态环境部门与税务部门未建立涉税信息共享平台和工作配合机制。环境保护税由纳税人自主申报，受上级政策不到位影响，相关部门无信息共享机制，未进行联动协调配合工作，因此税源管理存在监督空白。

资源税体系仍然存在较大的提升空间。一是能源矿产资源税税率设计不尽科学。我国能源矿产资源税税率的设定，并没有考虑不同能源矿产的二氧化碳排放因素，不同能源矿产的二氧化碳排放系数存在较大差异。二是征税范围没有涵盖主要自然资源。现行资源税仍是以部分自然资源为征税对象，即除对矿产资源普遍征税外，目前仅在 10 个省（市）试点征收水资源税。实践中还没有地区开始对森林、草场、滩涂征收资源税，客观上形成了对森林、山岭、草原、滩涂等重要资源在税收调节上的空白。

增值税绿色化程度不足。一是增值税优惠政策有待完善。我国针对清洁能源发电领域的增值税优惠力度不足、引导作用有限，无法有效缓解清洁能源发电企业的资金问题和税收负担。目前我国只有风力发电可享受增值税即征即退 50%的政策，而光伏发电产品 2016—2018 年曾有增值税即征即退 50%的优惠，但 2018 年年底结束后并无延续。二是碳交易存在部分税务处理问题尚待明确。目前我国碳交易市场存在全国碳配额开具增值税专用发票问题、碳配额购入和出售环节的印花税问题以及企业资源注销碳配额的增值税进项税额等税务问题尚未明晰，各地税务机关的执行口径不同，不仅影响市场竞争环境的公平性，还导致企业在参与碳交易的过程中存在涉税的不确定问题，增加了企业的交易成本和税务风险，影响了企业参与碳交易的积极性。

企业所得税优惠政策有待完善。一是促进低碳发展的企业所得税优惠政策覆盖范围较窄。以新能源企业所得税优惠政策为例，风、光相关新能源产业减按 15%税率征收企业所得税的优惠政策仅适用西部 12 省（区、市），适用范围较小；从整体来看我国新能源企业的企业所得税税率偏高，不利于鼓励新能源研发和推广发展。二是企业所得税激励不足，企业购置环境保护、节能节水等专用设备投资额仅可抵免 10%的应纳税额，优惠力度较小，不利于激励企业增加环保技术投入、实现低碳转型发展。三是税收优惠政策存在不确定的政策因素。在实践中，部分企业所得税优惠政策的实施细节问题尚未明晰，且各税务机关的处理存在差异，不仅导致优惠政策在各地区间存在不平衡的问题，还增加了企业的涉税风险，降低了税收优惠政策的实际激励效果。

消费税绿色调节功能有限。一是消费税对环境友好行为的激励不足。我国针对绿色发展的消费税优惠政策较少，且条件严格，难以有效激励绿色高端产业的投资；成品油、涂料和电池等消费税按照统一税率征收，并未考虑到不同产品所含的原料清洁度、技术绿化程度等差异，影响企业进行生产技术的“绿化”升级，长期来看难以有效支持企业绿色转型发展。二是消费税对高污染、高耗能行为的约束不足。我国消费税征税范围较窄，所含高能耗、污染类消费品的税目过少，消费税的绿化水平比较有限。部分高耗能产品长时间暂缓征收消费税，弱化了税收调节功能。

交通环境税引导绿色经济发展有待优化。与其他国家相比，我国的汽车在购置阶段税负较高。原本我国的车辆购置税就高于其他国家，另外还需缴纳增值税、消费税等税费，这就使得消费者在购置阶段承担较高的税负，然而我国车辆购置税在使用阶段消费者承担较低的税负，这样的征税结构下，在汽车使用阶段难以引起消费者对节能环保的重视。

6.4.2 发展方向

进一步“绿化”现行税收政策。一是积极发挥绿色税制体系调控、绿色低碳税收优惠支持、促进绿色税收共治、纳税服务助力绿色发展、税收大数据反映绿色效应等税收职能作用，推动经济社会绿色低碳转型。二是系统梳理现行税收政策中与环境保护相关的内容，审视现有税收政策中是否存在与环境保护目标相矛盾的政策，及时加以调整。

加强环境保护税与资源税等主体税种的配合。一是进一步有效拓宽环境保护税的征收广度，逐渐丰富环境保护税的征税对象，把更多已经发现的或者将要可能产生的对生态环境有害的污染物列入应征税对象的范围之内，做好事前预防，提升环境保护税的调控力度和工作成效。二是通过立法进一步扩大资源税的征税范围，将森林、湖泊、牧场、土地、海洋等都纳入征税范围中，实现累进税率管理与分级管理，发挥资源税对低碳经济市场的调节作用以及对自然环境的保护作用。制定鼓励资源回收利用的优惠政策，进一步提高资源利用率。

加大辅助税种的引导力度。一是提高增值税绿色化程度。将风力发电领域现行的增值税即征即退政策推广至其他清洁能源发电领域，促使全国碳排放权交易市场实现更加蓬勃繁荣的发展，进一步加大增值税绿色优惠政策实施力度，适度降低合同能源管理项目增值税优惠政策门槛，引入除减、免、退税以外的增值税优惠形式。二是进一步完善企业所得税优惠政策。加大税收减免优惠力度，着力完善促进环保产业、可再生能源等绿色低碳领域发展的企业所得税优惠政策；适度增加对环境保护、低碳发展的税收抵免优惠强度；考虑逐步将新能源、低碳交通、低碳建筑、技术固碳等绿色低碳领域的投资纳入税收抵免优惠政策范围内；加强税收优惠政策规范管理，提高税收征管质效和水平，明确相关企业所得税优惠政策征管问题。三是优化消费税收入分配调节的途径，发挥绿色消费的引导作用，针对高污染、高能耗产品，在生产或批发销售环节征收一定的消费税，进而控制资源过度开采问题。四是利用交通环境税引导绿色出行。进一步引导电动节能汽车研发与推广，同时实行差别化征税，对于尾气排放量大的车辆给予较高的税率，促使人们低碳用车。

深入加强各部门间的协调配合。绿色发展要求覆盖经济社会的方方面面，涉及生产、生活、生态多个维度，发挥好绿色税收的作用也离不开多个部门间的通力合作。因此，需加强税务部门与生态环境部门以及第三方环境监测机构等的密切协作，通过进一步明确、细化各方职责，加强税收申报与征管的科学性，让绿色税制发挥出应有的效应。

7 绿色金融政策

“十四五”期间，我国绿色金融制度体系基本形成，规范标准不断完善，政策环境总体向好，绿色信贷、绿色债券等重要产品和服务规模稳居世界前列。2022 年，我国绿色金融政策体系加速发展，“三大功能”“五大支柱”日益完善，机构体系越发健全，产品服务日益丰富，有效支持了经济社会绿色低碳转型和发展。然而，绿色金融发展仍存在不均衡、不充分问题，仍需不断破题。党的二十大报告强调经济社会发展与绿色转型，我国绿色金融迎来新的发展机遇。

7.1 绿色金融宏观支持政策稳步推进

2022 年是“十四五”关键之年，为进一步鼓励或引导各类社会资金主体进入绿色金融领域，助力实现“双碳”目标、建立健全绿色低碳循环发展经济体系、深入打好污染防治攻坚战、绿色城乡建设等重大战略决策，绿色金融政策稳步推进，“三大功能”“五大支柱”的绿色金融发展政策思路进一步明确，政策体系不断发展完善。

国家高度重视绿色金融在推进绿色经济转型发展的作用。党的二十大报告提出，实现碳达峰碳中和是一场广泛而深刻的经济社会系统性变革，并且强调指出，完善支持绿色发展的财税、金融、投资、价格政策和标准体系，发展绿色低碳产业。此外，2022 年 3 月，国务院印发《关于落实〈政府工作报告〉重点工作分工的意见》（国发〔2022〕9 号），明确推动能耗“双控”向碳排放总量和强度“双控”转变，完善减污降碳激励约束政策，发展绿色金融，加快形成绿色低碳生产生活方式。5 月，国务院办公厅转发国家发展改革委、国家能源局印发的《关于促进新时代新能源高质量发展的实施方案》（国办函〔2022〕39 号）明确了要以丰富的绿色金融产品服务为基础，大力发展新型能源建设。

国家有关部委在相关政策制定中深化绿色金融发展举措。2022 年 1 月，中国人民银行印发的《金融科技发展规划（2022—2025 年）》明确，加强金融科技与绿色金融的深度融合，创新发展数字绿色金融，运用科技手段有序推进绿色低碳金融产品和服务开发。8 月，中国人民银行、国家发展改革委、财政部、生态环境部、银保监会、证监会联合印发《重庆市建设绿色金融改革创新试验区总体方案》（银发〔2022〕180 号），将重庆市纳入绿色金融改革创新试验区，助力重庆市经济社会高质量发展。同月，生态环境部、国家发展改革委、工业和信息化部、住房和城乡建设部、中国人民银行、国资委、国管局、银保监会和证监会联合印发《关于公布气候投融资试点名单的通知》（环气候函〔2022〕59 号），确定了气候投融资试点名单。12 月，工业和信息化部、国家发展改革委、住房和城乡建设部、水利部等部门联合印发《关于深入推进黄河流域工业绿色发展的指导意见》（工信部联节〔2022〕169 号），明确落实促进工业绿色发展的产融合作专项政策，发挥国家产融合作平台作用，引导金融机构为黄河流域企业提供专业化的金融产品和融资服务。国家发展改革委、科技部联合印发《关于进一步完善市场导向的绿色技术创新体系实施方案（2023—2025 年）》（发改环资〔2022〕1885 号）明确，加大绿色金融支持，发展绿色信贷、绿色债券、绿色基金、绿色保险，引导各类天使投资、创业投资、私募股权投资等支持绿色技术创新和成果转化。

国家持续推动完善绿色金融政策框架体系。一是持续健全绿色金融标准体系。2022 年 7 月，绿色债券标准委员会发布《中国绿色债券原则》，明确募集资金用于绿色项目的比例为 100%，实现国内绿色债券标准统一并与国际接轨。9 月，深圳证券交易所发布《深圳证券交易所公司债券创新品种业务指引　第 1 号——绿色公司债券（2022 年修订）》，在募集资金用于绿色项目比例、绿色项目认定、项目评估与遴选披露要求等方面与《中国绿色债券原则》保持一致。二是规范评估认证市场。9 月，绿色债券标准委员会发布绿色债券评估认证机构市场化评议结果，18 家机构通过注册，对推动绿色债券市场行业自律和规范发展起到重要作用。经济绿色低碳转型下我国绿色债券发展取得显著成效。三是加强环境信息披露。2022 年，我国已有 49 家通过社会责任报告、可持续发展报告或者更明确的环境、社会与治理（ESG）报告的形式，进行了环境和气候信息披露，占上市银行的 90.1%。在国家绿色金融改革创新试验区内，200 多家金融机构已完成环境信息披露报告。

7.2 绿色金融产品稳步壮大

绿色信贷市场保持高速增长。绿色贷款余额规模持续增长，绿色信贷市场空间较大。经国务院批准，2022 年 5 月，中国人民银行增加 1 000 亿元支持煤炭清洁高效利用专项再贷款额度，为推动科学有序实现“双碳”目标进一步发挥作用。2022 年年底，全国本外币绿色贷款余额 22.03 万亿元，同比增长 38.5%，增速较上年末提高 5.5 个百分点，全年新增 6.13 万亿元，存量规模居全球前列。其中，直接减排和间接减排贷款分别为 8.62 万亿元和 6.08 万亿元，合计占绿色贷款的 66.7%。2021 年、2022 年绿色贷款的行业投向结构和产业投向结构对比见图 7-1、图 7-2。截至 2022 年年底，国内 21 家主要银行绿色信贷余额达 20.6 万亿元，同比增长 33.8%。按照信贷资金占绿色项目总投资的比例测算，预计每年可支持节约标准煤超过 5 亿 t，减排二氧化碳当量超过 9 亿 t。

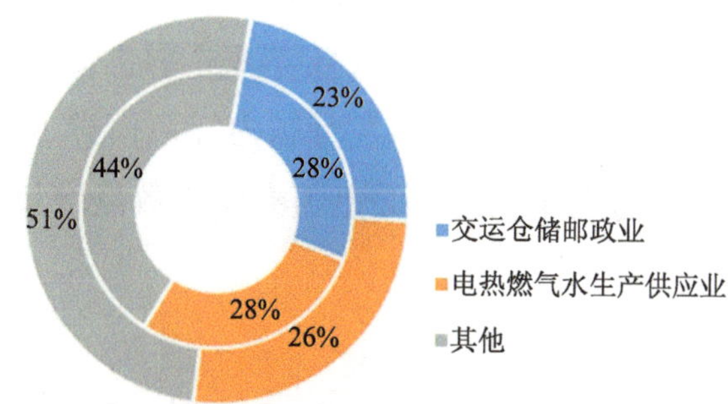

图 7-1 2021 年、2022 年绿色贷款的行业投向结构对比

注：内圈—2021 年；外圈—2022 年第三季度。
数据来源：Wind。

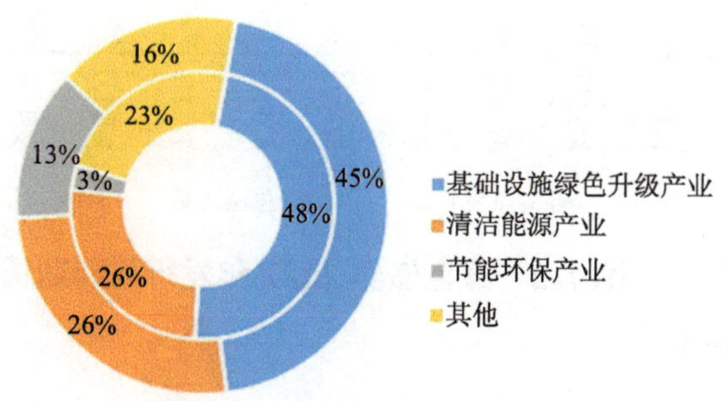

图 7-2 2021 年、2022 年绿色贷款的产业投向结构对比

注：内圈—2021 年；外圈—2022 年第三季度。
数据来源：Wind。

绿色债券市场持续深入发展。创新产品支持低碳转型。2022 年 5 月，中国银行间市场交易商协会印发《关于开展转型债券相关创新试点的通知》（中市协发〔2022〕93 号），明确转型债券的定义、募集资金用途、信息披露、评估认证、募集资金管理等内容，支持传统行业绿色低碳转型。6 月，上海证券交易所印发《上海证券交易所公司债券发行上市审核规则适用指引　第 2 号——特定品种公司债券（2022 年修订）》（上证发〔2022〕85 号），新增低碳转型公司债和不指定募集资金用途、将债券条款与发行人低碳转型目标挂钩的低碳转型挂钩债，满足各类发行人低碳转型融资需求。截至 2022 年年底，绿色债券市场累计存量规模为 17 657.6 亿元（图 7-3），新发行国内绿色债券 525 只，发行规模为 8 675.91 亿元。与上年相比，绿色债券发行数量增长 8.92%，上市规模增长 45.18%。

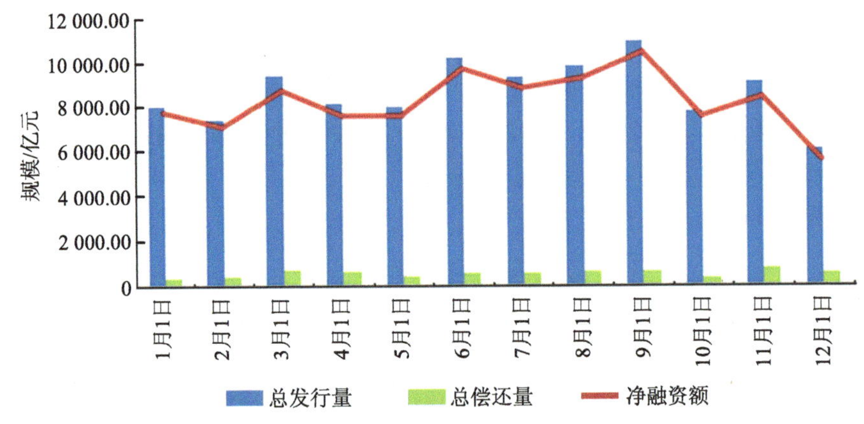

图 7-3　绿色债券 2022 年发行与到期情况

数据来源：Wind。

绿色保险不断深入推进。2022 年 6 月，中国银保监会印发《银行业保险业绿色金融指引》，为银行保险业促进积极发展绿色金融提供了战略和实操层面的指导。9 月，中国保险资产管理业协会发布《中国保险资产管理业 ESG 尽责管理倡议书》，提出充分发挥机构投资者的影响力，引导包括被投企业在内的利益相关方共同努力构建绿色发展生态圈。11 月，中国银保监会对“绿色保险”进行定义，并发布关于《绿色保险业务统计制度的通知》。截至 2022 年 9 月底，保险资金债权投资计划投资项目中涉及绿色产业的登记（注册）规模达 1.05 万亿元；股权投资计划投向中涉及绿色产业的登记（注册）规模为 351 亿元；其中直接投向环保企业及清洁能源企业股权 162 亿元、投向清洁能源产业基金权益 189 亿元；保险私募基金投向中涉及绿色产业的登记（注册）规模为 858 亿元，基金重点投资可再生能源等项目。保险资金通过债券、股票、资管产品等方式投向碳中和、碳达峰和绿色发展相关产业账面余额超过 1 万亿元。

7.3 气候金融政策力度持续加大

开展气候投融资试点。2022 年 8 月，生态环境部、国家发展改革委、工业和信息化部等九部门联合印发《关于公布气候投融资试点名单的通知》（环气候函〔2022〕59 号），确定了北京市密云区、通州区，河北省保定市等 23 个地区入选气候投融资试点。该名单是根据各省（区、市）推荐情况，综合考虑工作基础、实施意愿和推广示范效果等因素确定的。后续相关部门会支持和指导试点地方建立部际工作协调机制，积极培育具有显著气候效益的重点项目，加强对碳排放数据质量的监管，积极搭建国际交流与合作平台。同时定期组织对试点工作进展和成效进行总结评估，及时梳理试点工作的先进经验和好的做法，探索一批气候投融资发展模式，形成可复制、可推广的成功经验，助力实现碳达峰碳中和目标。

各类碳金融政策有力支持碳减排。2022 年 3 月，中国人民银行印发《关于做好 2022 年金融支持全面推进乡村振兴重点工作的意见》（银发〔2022〕74 号），强调中国人民银行各分支机构要积极运用碳减排支持工具，引导金融机构加大对符合条件的农村地区风力发电、太阳能和光伏等基础设施建设的信贷支持。4 月，证监会印发金融行业标准《碳金融产品》（JR/T 0244—2022），在碳金融产品分类基础上，明确碳金融产品实施要求。12 月，生态环境部发布《全国碳排放权交易市场第一个履约周期报告》，系统总结全国碳市场第一个履约周期建设运行经验，促进社会各界更好了解全国碳市场建设情况。全国碳市场 2022 年碳排放配额情况见图 7-4。

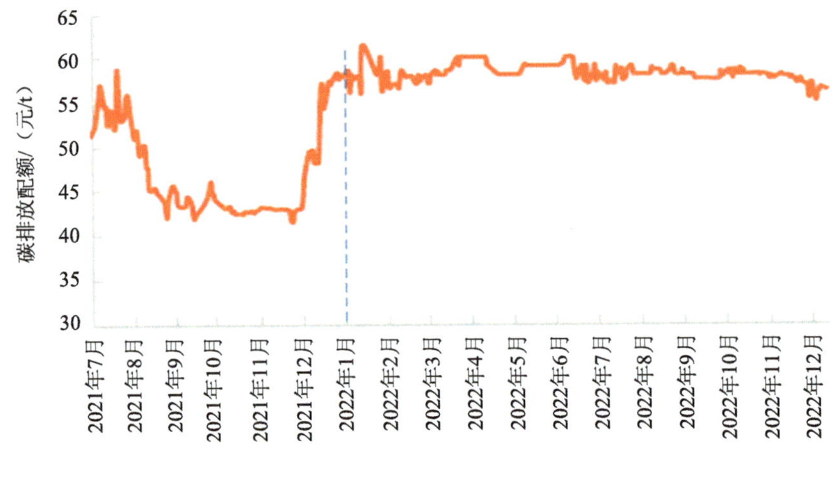

图 7-4　全国碳市场碳排放配额（CEA）情况

数据来源：Wind。

创新碳金融产品。工商银行首批开展“碳中和”债、可持续发展挂钩债等各类绿色债券的投融资业务，并在 2022 年 6 月发行 100 亿元“碳中和”绿色金融债券，成为我国首次在境内市场发行“碳中和”绿色金融债券的商业银行。此外，建设银行、中信银行、平安银行以及浦发银行等多家银行探索推出“碳账户”系列特色金融产品，旨在通过碳积分制度量化个人及企业的碳减排行为，提供差异化的金融服务。

7.4 地方积极推进绿色金融发展

上海持续打造国际绿色金融枢纽。2022 年 6 月，《上海市浦东新区绿色金融发展若干规定》（以下简称《规定》）经上海市第十五届人大常委会表决通过，并自 7 月 1 日起施行。这是上海首次运用立法变通权在金融领域的有益尝试，为推动浦东新区绿色金融创新发展、打造社会主义现代化建设引领区提供了强有力的法治保障，也是浦东推进国际金融中心核心区建设的重大突破。《规定》共 37 条，主要分目标与责任、制度与标准、产品与服务、信息披露、支持与保障等内容。《规定》鼓励金融机构提供多样化金融产品及服务，关注不同类型企业转型中的减排路径；支持国家绿色发展基金等聚焦浦东新区环境保护、污染防治、能源资源节约利用、绿色建筑、绿色交通、绿色制造等领域开展绿色投资；支持金融机构开展环境权益融资等业务，推动建立具有国际影响力的碳交易、定价、创新中心等。同时上海制定全面碳达峰战略，并于 7 月出台《上海市碳达峰实施方案》（沪府发〔2022〕7 号），出台碳汇、绿色金融等配套机制方面规划。方案指出上海依托国际金融中心建设，充分发挥要素市场和金融机构集聚优势，加快建立完善绿色金融体系，推动气候投融资发展，引导金融机构为绿色低碳项目提供长期限、低成本资金。建立绿色项目库，鼓励银行业开展绿色贷款业务，开辟绿色贷款业务快速审批通道，将绿色贷款占比纳入业绩评价体系。大力发展绿色债券，支持符合条件的绿色企业上市融资、挂牌融资和再融资。鼓励社会资本以市场化方式设立绿色低碳产业投资基金。以上举措有力捍卫了上海市国际金融中心地位。

浙江推进金融机构环境信息披露数字化建设。浙江省持续推动数字赋能环境信息披露，加快实现省域金融机构环境信息披露全覆盖，不断提升环境信息披露质效。2022 年 6 月，浙江省出台《长三角绿色金融信息管理系统环境信息披露（标准版）模块建设方案》，部署“环境信息披露”功能模块，打造统一的环境信息披露数字化平台。该“环境信息披露”模块的上线，实现全省环境信息披露流程化管理，支持定制差异化的环境信息披露任务要求，能为金融机构编制环境信息披露报告提供智能服务，贯通实现环境影响定量指标自动核算等重要功能和优势，有力推进金融机构环境信息披露数字化、智能化。湖州、衢州绿色金融改革创新试验区率先开展金融机构环境信息披露工作，试验区内 68 家银行机构均已实现环境信息按季披露。在非试验区，温州市辖内 23 家法人银行机构均已完成 2022 年上半年环境信息披露报告，成为浙江省首个实现法人银行环境信息披露全覆盖的非试验区地市。台州、金华等地部分法人银行试点开展环境信息披露报告试编制工作。湖州、衢州也率先开展环境信息披露数字化试点，通过数据集成、平台贯通等方式，为环境信息披露基础数据自动采集、定量测算等提供技术支撑。湖州市设立碳核算数据中心，截至 2022 年 9 月，该数据中心已涵盖 1.7 万家企业碳排放数据，占湖州市碳排放总量的 83%。衢州市依托衢融通平台建设环境信息披露系统，贯通六大领域碳账户平台和 27 家金融机构核心业务系统，实现“采集—核算—披露”全流程线上化。截至 2022 年 9 月，碳核算主体已覆盖 2 764 家工业企业、98 家能源企业、891 家农业企业、129 家建筑企业、71 家交通企业、239 万居民，占衢州市碳排放总量的 95%。

湖北深入开展可持续发展挂钩贷款机制。可持续发展挂钩贷款机制是将贷款条款（通常为贷款利率）与借款人减污降碳、单位能耗、ESG

评级等可持续发展绩效指标完成情况挂钩，激励借款人更多地投入与可持续发展相关的商业活动。2022 年，湖北省印发《湖北长江经济带降碳减污扩绿增长十大行动方案》《关于金融支持湖北省绿色低碳转型发展的实施意见》《湖北省排污权抵质押贷款管理办法（暂行）》等政策文件，在制度设计上拓宽绿色转型资金支持维度，引导更多资金流向减污降碳活动。在具体业务创新上，2022 年 9 月向某公司发放全省首笔可持续发展挂钩贷款，贷款金额 3 000 万元，期限 3 年，并将贷款利率与公司预设绩效目标挂钩，有效应对排污权涵盖范围不涉及含总磷的污染物等问题。该产品严格依照国际标准《可持续发展挂钩贷款原则》，遵循“优选企业、明确战略、制定指标、严格评估”四大原则设计。从减污降碳效果看，该企业完成约定绩效目标后，可年消化 30 万 t 磷石膏废弃物，或减排二氧化碳不低于 3.36 万 t。可持续发展挂钩贷款创新，体现为三方面：一是通过挂钩机制拓展金融机构支持绿色低碳发展的覆盖面和有效性。二是兼顾绿色、低碳、生物多样性保护等可持续发展需求。三是将可持续发展绩效目标完成情况与来年贷款利率挂钩，形成动态运用价格机制，激发借款人积极性。随着该产品业务认知和接受度的提升，单向奖励或惩戒机制、双向激励机制将不断应用，促进 ESG 的灵活性机制作用也将得到充分体现和释放。

重庆绿色金融改革创新试验区获批。从 2019 年年初申报到 2022 年 8 月绿色金融改革创新试验区最终获批，重庆市绿色发展迈上新台阶。截至 2022 年年底，全市绿色贷款不良率 0.81%，低于同期全市各项贷款平均不良率 0.61 个百分点。碳排放权抵（质）押融资累计超 3 亿元，涉及质押碳逾 32 万 t。省级绿色金融大数据综合服务平台——“长江绿融通”，是绿色监测、绿色融资、绿色共享、绿色评价、绿色中心、绿色政务“六位一体”，连通中国人民银行重庆营业管理部辖内各分支机构以及部分区县政府，接入近百家金融机构，推动形成“政府推荐项目+绿色智能识别+系统推送项目+银行自主对接”的银企融资对接长效机制。截至 2022 年 9 月末，该系统采集并上线市级、区县级 1 860 个绿色项目（企业）信息，其中近 1 000 个项目与银行成功对接。重庆市倡导金融机构从绿色金融发展计划、绿色贷款投向、贷款产生的碳减排量等角度开展环境信息披露。2022 年，全市 75 家金融机构披露 2021 年年度环境信息，其中 30 家机构 2021 年新增绿色项目贷款平均碳减排 48.98 万 t。同时对金融机构绿色贷款、绿色债券、绿色金融租赁、绿色票据等数据进行月度采集，按中国人民银行《银行业金融机构绿色金融评价方案》要求，生成绿色绩效评价表，纳入央行金融机构评级，并配套总额 20 亿元的“绿易贷”再贷款和 50 亿元的“绿票通”再贴现工具，激励其加大对绿色项目资金投放力度。

甘肃创设丝路碳票融资模式。2022 年 3 月，习近平总书记指出，“森林是水库、钱库、粮库，现在应该再加上一个‘碳库’”。甘肃省兰州新区以建设绿色金融改革创新试验区为契机，创新“丝路碳票碳汇交易+碳资产抵质押+绿色保险”系列金融产品和服务，推动森林等生态资源转化生态资产、“碳库”转化“钱库”，形成集“生态造林、碳汇开发、资产交易、碳汇保险、抵押融资”于一体的碳普惠机制。该模式通过“科技+数据+金融”手段，对森林资源的碳减排量进行量化与评估，明确丝路碳票碳减排量及碳汇的核定、备案、登记、交易、注销等具体工作要求，促进丝路碳票实现市场化交易。具体形成以生态造林项目的碳减排量收益权为权证的“丝路碳票”，建立碳汇指数保险、林业碳汇价格保险及林业碳汇履约保险产品，形成集“生态造林、碳汇开发、资产交易、抵押融资、碳汇保险、碳中和服务”于一体的碳减排生态运行模式。保险公司以保质量、保价格、保履约方式，将以远期林业碳汇产品为标的物和质押物，实现碳汇交易和绿色融资。某农业投资公司成功售出持有的首批推出两个生态造林项目总计碳减排量 12 037 t 的“丝路碳票”。某城市发展投资公司通过交易收购生态造林的碳减排量“丝路碳票”，以碳汇量作为抵押标的获得银行授信贷款。丝路碳票系列产品和服务，通过建立健全生态造林计量监测体系，构建完善林业碳汇交易融资服务机制，实现林业碳汇资源可量化、可交易、金融化，解决绿色生态产品度量难、交易难、抵押难、变现难的问题，对绿色金融推动西部生态脆弱地区可持续发展有重要实践意义。

7.5 小结

7.5.1 存在的问题

绿色金融推动实现“双碳”目标、持续助力生态环境质量改善面临以下突破口。

绿色金融法律和政策体系仍需完善。我国绿色金融欠缺专门立法，缺乏对各类部门规章、地方法规、规范性文件、自律规则等法治化、体系化的统筹。绿色金融政策体系需要更加精准，特别是涉及金融支持转型活动仍缺乏有力激励措施，专门性的再贷款、担保、财政贴息、利率补贴、税收优惠、风险补偿、企业债融资等激励引导政策措施欠缺，金融机构支持企业绿色低碳转型动力不足。金融政策中支持的绿色转型活动与“洗绿”“漂绿”行为缺乏明确区分，缺失可量化、可执行的识别标准，曾一度造成抽贷、停贷现象，引发多地“煤炭荒”“油荒”“电荒”和对高碳行业发展转型过度的担忧。

绿色金融市场信息披露机制不健全。绿色金融市场信息披露机制不完善，缺乏对绿色项目和活动披露的明确要求，市场各主体信息披露的质量和频率过低，使用不同披露框架且过于杂乱。企业各类碳信息分属各有关部门，生态环境部门掌握碳排放和碳监管情况等，金融管理部门掌握金融机构应对气候变化投融资情况，工信和发展改革部门则掌握企业产能、用能、技术节能改造等，目前尚欠缺统一协调机制和平台，合并归集难度较大，部门间的信息机制不顺畅。

绿色金融产品与服务创新不足。绿色金融产品中绿色信贷占比为绝对优势，绿色债券、绿色保险、绿色基金、碳金融等绿色金融产品占比仍不高，碳金融产品实践还处于摸索期。碳金融产品种类少，与投资者对碳金融产品需求较大、全球最大碳市场角色定位形成鲜明对比。据统计，全球碳金融市场每年交易规模已突破 600 亿美元，国内碳金融产品成熟程度远低国际成熟市场。

绿色金融科技应用能力需不断开拓。我国绿色金融与科技融合前景较大，支持绿色转型活动的科技运用水平偏低、赋能场景较窄、数字技术融合度有较大空间，针对信息透明度、可用性及可追溯性问题的金融技术创新和应用较为缺失。科技与监管融合度低，手段较单一，监管着力点不够精准。绿色低碳科技平台智能化、数字化程度不高，欠缺深度嵌入的综合性应用场景。

绿色金融标准国际影响力仍不足。我国目前积极参与国际标准制定，推进绿色金融与国际标准接轨，因他国先发优势而致我国国际影响力受限。国际气候投融资等标准制定能力仍有不足，使欧美等国家和地区仍在绿色金融国际市场占主导，我国国际绿色金融规则话语权仍需不断增强。

7.5.2 发展方向

持续完善绿色金融法律和政策体系。推动专门绿色金融立法，建立健全部门规章、地方法规、规范性文件以及自律规则等相关规则体系完善。研究出台包含但不限于货币政策工具、贴息、金融机构考核评价、新能源项指标、土地使用、补贴、税收优惠、政府采购、差异化电价等正向激励措施。监管部门研究设立碳转型贷款专项额度，加强转型信贷产品研发，引导金融机构探索碳排放权质押贷款、碳收益支持票据等业务。在绿色金融改革创新试验区开展定向政策激励试验，及时总结有效模式经验并向全国推广使用。制定绿色转型金融标准，推进研究制定项目与企业两个层面转型标准，将绿色转型项目纳入绿色项目库管理，不限定资金用途支持企业整体转型。目录优先覆盖建筑、钢铁、水泥、电力、铝、纺织、造纸、交通等高碳行业转型，及时发布并动态调整。

建立健全绿色金融市场信息披露机制。建立健全绿色金融相关信息归集标准，以及碳账户、碳效码、碳核算等制度和方法体系。对金融机构和绿色转型主体实施不同信息披露要求，要求针对资金用途、环境效益、转型方案等重点内容，通过公司年报、框架性文件、ESG 报告等及时发布。构建中央相关管理部门与地方政府对企业各类含绿色活动或项目、碳信息的合并归集工作的协调机制，加强含绿色活动或项目、碳各类信用信息共享共建，依托绿色金融信息平台构建地方信用信息服务平台。

强化绿色金融产品与服务创新。继续开发支持减污、降碳、协同、增效等金融产品，深化气候投融资试点示范工作，推动各类机构参与绿色金融市场，持续发展排污权抵押贷款、排污权租赁，开发环境权益回购、保理、托管，以及碳期货等衍生产品，提升市场活跃度与流动性。积极鼓励银行金融机构发挥信贷、债券、基金等投融资工具作用，引导和撬动金融资源向绿色低碳转型、碳捕集与封存等创新项目倾斜。鼓励开发碳金融理财产品和服务，引导投资者积极参与“双碳”工作，同步实现推动投资者获取合理的投资回报，实现绿色降碳与收入提升双重红利。

开拓绿色金融科技应用能力。不断促进我国绿色金融与科技融合，持续促进绿色低碳科技平台智能化、数字化，深度嵌入综合性应用场景。引入人工智能、区块链、物联网、企业画像等技术，解决融资主体转型认定的困难。引导金融机构、转型主体与科技公司合作，鼓励开拓“科技+转型”赋能场景，为建设线下智慧园区和线上相关 App 提供支持。监管部门主导推动开发和升级监管数字化系统，建立支持转型活动的监管沙盒。鼓励科技公司参与开发和建设绿色低碳科技平台，运用数字化、智能化技术打造综合性应用场景。

提升我国在绿色金融国际合作的影响力。积极对接国际绿色金融市场，形成多元化绿色金融服务措施。深度对话国际绿色金融机构与市场，引入国际一流绿色金融业务与研究机构，引领绿色金融领域国际标准。以“一带一路”为契机，为参与治理覆盖全球 55%的碳排放量做贡献，发挥国际影响力。支持金融机构为跨国绿色投资提供综合性金融服务，鼓励中国企业按照责任投资原则向“一带一路”沿线国家进行绿色投资和气候投融资合作机制建设。加强国际化人才队伍建设，建设国际专家库，推荐专家赴相关重要国际组织任职。不断帮助相关国家节能减排，提升基础设施建设的环保和可持续发展水平，控制碳排放，助力建设“绿色丝绸之路”。

8 环境市场政策

2022 年，我国环境污染治理市场已从政策播种时代进入全面的政策深耕时代，涉及水、土、气、固体废物处理全方位的政策法规日趋完善。社会资本合作（PPP）模式政策不断完善，环境污染第三方治理模式得到全面发展，EOD 模式持续创新，生态环境保护和治理能力水平稳步提升。

8.1 环保 PPP 政策日益健全

环保 PPP 支持政策不断完善。2022 年 9 月，财政部发布《关于贯彻落实〈国务院关于支持山东深化新旧动能转换推动绿色低碳高质量发展的意见〉的实施意见》（财预〔2022〕137 号），明确提出鼓励规范有序实施生态环境领域政府和社会资本合作项目，鼓励在生态环保领域创新激励机制、政策和投融资模式，吸引社会资本参与。11 月，财政部发布《关于进一步推动政府和社会资本合作（PPP）规范发展、阳光运行的通知》（财金〔2022〕119 号），进一步强调坚决遏制隐性债务风险增量，严格审查新项目入库标准，引导 PPP 模式规范发展、阳光运行。

生态环境治理领域仍是 PPP 优先领域。财政部 PPP 中心发布的数据显示，截至 2022 年 11 月，生态建设和环境保护新入库项目投资额 384 亿元，行业类别中排名第 5，仅次于交通运输、市政工程、城市综合开发和林业类。污染防治与绿色低碳项目投资占比超 30%，PPP 模式的推进极大地促进了生态环保行业市场化程度，拓宽环保产业的发展空间。截至 2022 年 11 月，污染防治与绿色低碳项目新入库项目 250 个、投资额 2 734 亿元。2014 年以来，累计在库项目 5 926 个，投资额 5.8 万亿元；其中，签约项目 4 829 个、投资额 4.8 万亿元；开工建设项目 3 785 个、投资额 3.8 万亿元。

8.2 环境污染第三方治理模式得到全面发展

深入推行环境污染第三方治理。2022 年 1 月，国务院办公厅转发《国家发展改革委等部门关于加快推进城镇环境基础设施建设指导意见》，要求鼓励第三方治理模式和体制机制创新，按照排污者付费、市场化运作、政府引导推动的原则，以园区、产业基地等工业集聚区为重点，推动第三方治理企业开展专业化污染治理，提升设施运行水平和污染治理效果。支持建设 100 家左右深入推行环境污染第三方治理示范园区。遴选一批环境污染第三方治理典型案例，总结推广成熟有效的治理模式。

地方探索打造环境污染第三方治理服务平台。2022 年 3 月，天津经济技术开发区“生态环境第三方服务机构自主信息公开平台”上线，该平台针对第三方服务机构、区域企业和天津经济技术开发区监管部门，开设机构管理、企业管理、信息公开等多个业务板块。平台上线 10 天申请注册的第三方环境服务机构已达 140 余家。2022 年 8 月，长三角区域生态环境保护协作小组第二次工作会议宣布生态环境第三方治理服务平台正式上线。平台围绕“打破市场壁垒、搭建供需桥梁、加强引导监督”3 条核心思路，形成“一个平台、一套机制”的制度创新成果，沪苏浙两省一市生态环境部门、示范区执委会联合印发的《服务平台建设实施方案》对平台近、中、远期建设进行总体安排，对平台运营管理做了具体规定，为跨域开展生态环境第三方治理提供借鉴。

8.3 EOD 模式持续创新发展

生态环境导向的开发（EOD）模式试点不断壮大。2022 年 4 月，生态环境部、国家发展改革委、国家开发银行联合印发《关于同意开展第二批生态环境导向的开发（EOD）模式试点的通知》（环办科财函〔2022〕172 号），同意 58 个项目开展第二批 EOD 模式试点工作。深入探索 EOD 模式，持续推进环境治理模式创新。开展 EOD 模式试点工作对于“十四五”时期深入打好污染防治攻坚战、提高各级政府环境治理能力、践行“绿水青山就是金山银山”理念具有重要而长远的意义，第二批 EOD 模式试点项目正式启动，将有力推进生态产品价值进一步实现。截至目前，第一批 36 个试点项目中已有 15 个项目获得金融机构授信或放贷支持。2022 年 5 月，中共中央办公厅、国务院办公厅印发《关于推进以县城为重要载体的城镇化建设的意见》，提出有序发展重点生态功能区县城。

政策性银行大力支持生态环保重点项目建设。2022 年，国家开发银行深入贯彻落实党中央、国务院决策部署，在有关部委指导下，聚焦主责主业，充分发挥开发性金融功能作用，持续加大信贷支持生态环保领域发展力度，进一步完善工作机制，深化与地方政府和重点企业合作，主动对接重大水利工程融资需求，积极发挥中长期信贷和国开基础设施投资基金作用，全年发放水利贷款 1 864 亿元，向长江生态保护和修复领域发放贷款近千亿元，发行 120 亿元“长江流域生态系统保护和修复”专题“债券通”绿色金融债券，债券所募资金用于支持水污染治理、农业农村环境综合治理、水资源节约等项目。2022 年 3 月，生态环境部制定《生态环保金融支持项目储备库入库指南（试行）》（环办科财〔2022〕6 号），入库范围包括大气污染防治、水生态环境保护、重点海域综合治理、土壤污染防治、农业农村污染治理、固体废物处理处置及资源综合利用、生态保护修复、其他环境治理等八大领域。项目储备库建设旨在依托项目储备库加强与国家开发银行、中国农业发展银行等十余家金融机构对接，引导金融资金投向，精准支撑和服务重大生态环保项目融资。

安徽省 EOD 模式试点工作进展迅速。2022 年 1 月，安徽省生态环境厅与中国工商银行股份有限公司安徽省分行签署战略合作协议，围绕产业企业融资需求、金融产品创新、产业基金设置、共同防范重大项目风险等四大领域，加强合作，促进成果转化。2022 年 1 月，安徽省生态环境厅、安徽省发展改革委、国家开发银行安徽省分行、中国农业发展银行安徽省分行 4 个部门共同启动了省级 EOD 模式项目实施。参考国家入库方案，按照动态申报原则，成熟一个申报一个，不限时间不限数量。安徽省生态环境厅会同“两行”主动靠前服务，对有意申报的项目进行政策解读和技术指导，帮助解决专业领域的技术难题、优化项目发展思路。截至 2022 年 7 月，安庆市岳西县、金寨史河老城区段水生态修复与水生态资源开发运营一体化、蚌埠市天河湖生态环境治理与乡村振兴融合发展 3 个 EOD 模式项目已分别获得国家开发银行安徽分行 19.3 亿元、23.3 亿元、9 亿元贷款。马鞍山向山治理 EOD 项目获农业发展银行安徽省分行 10 亿元贷款。

江苏省 EOD 试点工作取得新进展。2022 年 6 月，“长三角示范区协调区锦淀周一体化生态提升 EOD 项目”正式通过国家开发银行总行会议审议，落地昆山旅游度假区。该项目总投资 118.97 亿元，是江苏省首个超百亿元 EOD 融资模式落地项目，也是苏州市首个以 EOD 模式融资成功落地项目。该项目授信总额 95 亿元，授信额度位居全省 EOD 模式融资项目之首。昆山市积极响应 6 月 29 日国务院常务会议提出的“确定政策性、开发性金融工具支持重大项目建设的举措”。推动长三角示范区协调区锦淀周一体化生态提升EOD项目通过国家发展改革委审核，并成功与国家开发银行苏州分行签约，最终获得 3.3 亿元政策性开发性金融工具（基金）支持。2022 年 10 月，江苏省生态环境厅印发《关于组织开展江苏省生态环境导向的开发模式试点工作的通知》，标志着江苏省级层面推动 EOD 模式试点进入实施阶段。

湖南省利用 EOD 模式支持革命老区振兴发展。2022 年 7 月，湖南省人民政府办公厅印发《“十四五”支持革命老区振兴发展实施方案》，指出“在相关产业基础具备条件时，规范有序推进政府和社会资本合作（PPP）及生态环境导向的开发（EOD）模式，积极开展基础设施领域不动产投资信托基金（REITs）试点”。为湖南省 EOD 模式发展带来新思路。

贵州省 EOD 模式推进马尾河流域水环境综合治理。2022 年 4 月，贵州省发展改革委印发《贵州省马尾河流域水环境综合治理与可持续发展试点实施方案（2022—2024 年）》，提出打好污染防治攻坚战，构建创新实用的流域综合治理体系，探索 EOD 模式。

8.4 小结

8.4.1 存在的问题

PPP 发展面临转型升级。中国的 PPP 发展模式与国际普遍模式存在较大差异。目前 PPP 模式发展多数还处于“重建设、轻运营”或依赖政府付费等“低价”模式阶段，而未重视提高运营管理效率、建设和运营一体化、形成稳定清晰收费机制等。例如，在项目识别阶段，最为关键的“物有所值评价”环节没有得到重视，政府为保证实现“稳增长”的需求和优先实现融资目的而选择的 PPP 项目并不一定是优质的 PPP 项目。新旧动能转换并不仅仅是新动能代替旧动能，在深层次上还包括发展理念的转变，与之相适应，现阶段 PPP 模式的发展不再只是“量”的增加，而应兼顾和重视“质”的提升。

环境污染第三方治理法律法规制度不健全。第三方治理体系缺乏与之相配套的法规制度和管理措施。对政府、排污者和环境污染治理第三方的法律责任界定不清必然会存在纠葛，不利于环境污染第三方治理模式的发展，辨别违法主体的责任就成了污染治理的关键。无论是对排污企业来说，还是对第三方治理企业来说，强化自身的主体责任，严格按照合同履行义务，有助于将污染治理真正落到实处。为了有效落实第三方治理模式，当前需要进一步完善法律制度和管理措施，一旦发生违法行为，必须依靠法律追究其责任，公平、合理的法律责任制度不仅可以调动排污者和第三方环境污染治理者的积极性，还可以提高政府环境污染治理能力以及转变治理模式。

EOD 模式投资收益不确定性较大。国家层面对 EOD 模式持续出台一系列鼓励政策，但通过产业导入来反哺项目投资收益存在较高不确定性，产业培养周期较长，自身经营性收益难以预测、投资收益难以确保，且 EOD 项目参与主体多，生态价值难以定量测算，主体之间难以确定收益类型，对参与主体的实力要求高。产业相关收益本身脆弱，预期的营收规模有限，因此收益能够支持环境治理的金额占比不高。

8.4.2 发展方向

加强PPP项目运营期管理。强化政府与金融机构、投资运营机构的合作，支持运营机构、金融机构作为社会资本直接参与到PPP项目当中，为PPP项目提供所需的长期限资金。PPP项目所需的更多是股权资金，债权资金相对股权资金而言更容易落实。保险、证券、基金等金融机构可以通过资管计划、发行基金产品等筹集PPP项目所需的股权资金。此外，大型综合性金融集团可以连同项目股权资金、债权融资一并落实，从而提高项目资金的审批时效，加快PPP项目的落地速度。

完善环境污染第三方治理相关配套政策和机制。引导第三方治理行业健康发展，建立系统的法律法规体系，针对环境污染问题，制定明确的执行细则，维护污染企业和第三方治理企业的合法权益，通过调节两者之间的关系，保障环境污染治理制度有效执行，维护市场主体的合法权益。城市存在多种污染来源，如生活污水、生活垃圾、厨余垃圾等，针对不同的治理对象进行环境公共设施开发，强化环境污染自动监督管理，对各项环境污染治理措施进行有效的监控。

加强EOD模式项目评价机制。将生态环境治理项目与产业开发项目作为一个整体进行分析评价。以确保整体项目的合理收益为前提，开展项目财务评价，从项目的角度出发，计算项目范围内的财务效益和费用，分析项目的盈利能力和清偿能力，也要开展社会评价和国民经济评价，从区域经济整体利益的角度出发，计算项目对区域经济的贡献，分析项目的经济效率、效果和对社会的影响。

9

环境与贸易政策

由于全球经济的快速发展以及复杂多变的国际经济政治形势，生态环境问题对经济贸易的影响日益凸显。2022 年，我国全面禁止进口固体废物，欧盟碳关税立法议案使我国经济贸易面临新的挑战。

9.1 WTO 框架下的环境议题

推动环境可持续塑料贸易，减少全球塑料污染。日常塑料垃圾已逐步成为全球环境关注的重点，2018 年联合国环境规划署发布的评估报告显示，在全世界总计生产出的 90 亿 t 塑料制品中，被循环利用的仅有 9%，另外 12%被焚烧，其余的 79%最终堆积在垃圾填埋场或流入自然环境中，因此，寻找塑料替代品以减少塑料使用、减轻塑料污染，从源头解决环境污染问题，已经迫在眉睫。2022 年 11 月 17—18 日，世界贸易组织在瑞士日内瓦举办了“塑料污染与环境可持续塑料贸易非正式对话”（也称“塑料污染防控倡议”）工作会议，探讨如何促进“塑料污染防控倡议”与“以竹代塑倡议”。“以竹代塑倡议”由中国与国际竹藤组织共同发起，其宗旨是在全球深化“以竹代塑”合作，发挥竹子在治理塑料污染、代替塑料产品方面的突出优势和作用，为高能耗、难降解的塑料制品提供基于自然的解决方案。

《中国—新西兰自由贸易协定升级议定书》环境内容涉及议题广泛，充分体现了全面特征。中国、新西兰双方在经贸领域一直高度重视环境保护，2008年签署实施的《中国—新西兰自由贸易协定》是我国最早纳入独立环境合作条款的自贸协定。此次签署实施的升级议定书大幅增加了环境内容，多个附录内均纳入了环境议题并单独设置了环境章节。多个附录中涵盖了包括环境例外、环境合作、环境服务开放等多个内容。结合《中国—新西兰自由贸易协定》和《中国—新西兰自由贸易协定升级议定书》一起来看，中国和新西兰之间签署的自由贸易协定涵盖了WTO 和自由贸易协定框架下几乎所有能见到的环境相关议题，如透明度要求、环境规制、环境服务市场准入等内容，在环境与贸易领域充分体现了全面的特点。独立的环境章节凸显环境与贸易相互支持，充分体现了平衡特征。升级议定书环境与贸易章节不仅注重促进双边贸易合作往来，避免绿色贸易壁垒，如规定“双方同意环境标准不得用于贸易保护主义之目的”；也强调贸易发展不应削弱环境保护，如“通过削弱或减少其各自的环境措施所赋予的保护来鼓励贸易或投资是不恰当的”；此外还要求将可持续目标纳入双边经贸关系中，如“以有助于实现可持续发展目标，并确保将该目标纳入和反映在双边贸易关系中的方式促进经济发展”，充分体现了升级议定书努力寻求环境与贸易的相互平衡。

9.2 碳边境调节机制

欧洲议会通过了关于建立碳边境调节机制（CBAM）草案的修正案。作为全球第一个针对产品碳含量而采取的贸易措施，欧盟碳关税受到了各方广泛关注。碳关税是指主权国家或地区对高耗能产品进口征收的二氧化碳排放特别税。2021 年 7 月，欧盟委员会公布了名为“Fit for 55”的一揽子方案，碳关税作为其中一项，将和停止销售燃油车、征收航空燃油税、扩大可再生能源占比等措施一起，成为欧盟碳减排手段的一部分。欧盟碳关税于 2023 年 1 月 1 日开始实施，2023—2025 年是实施过渡期，进口产品不需缴纳碳关税，但进口商需每季度提交包括当季进口产品总量、产品直接和间接排放量、在原产国应支付碳价等信息在内的企业报告。2026 年欧盟碳关税将全面开征。欧盟实施碳关税可拉平进口产品与欧盟产品的碳成本，消除进口产品相较欧盟产品的价格优势，削弱碳减排政策宽松的国家和地区的贸易竞争力，有效保护欧盟企业。对于欧盟实施 CBAM，新兴市场和发展中国家持质疑或强烈反对态度，而以七国集团为代表的发达国家或地区对欧盟 CBAM 持支持或开放态度，G7 经济体正在推动形成针对“碳关税”的共识和合作。2022 年在德国作为轮值国的 G7 峰会上，七国集团宣布将成立国际气候俱乐部。2022 年 12 月，七国集团正式成立国际气候俱乐部，并发布了描述其目标和职权的文件。

碳边境调节机制会对我国高碳行业出口产生直接冲击。欧盟是中国第二大贸易伙伴，中国也是欧盟第一大贸易伙伴，两者产业链相互融合，经贸往来密切。在欧盟 CBAM 覆盖的 6 个行业中，钢铁、铝、水泥和化肥属于我国对欧盟出口规模较大的领域，CBAM 的实施将直接增加相关出口商品的关税成本。随着 2026—2034 年欧盟碳排放交易体系（EU ETS）免费碳配额逐步削减，CBAM 税率将越来越高。据北京大学国家发展研究院宏观与绿色金融实验室的粗略估算，假设出口行业的单位产品平均出口价格不变，基于 EU ETS 和我国碳市场 2022 年 12 月底的碳价差，我国钢铁、铝和水泥行业每吨产品平均出口成本将在 2027 年（免费配额削减 5%时）分别提高 3.2%、2.7%、3.4%；将在 2034 年（免费配额完全退出时）分别提高 8.2%、5.6%、14.1%。

瑞士、新西兰等多个发达经济体发布气候相关披露准则。2022 年 11 月，瑞士联邦委员会通过了大型瑞士公司气候相关披露实施准则，该准则于 2024 年 1 月 1 日正式实施。该准则要求规模超过 500 人、总资产超过 2 000 万瑞士法郎或营业额超过 4 000 万瑞士法郎的上市公司、银行和保险机构，向公众披露气候相关信息。2022 年 12 月，新西兰外部报告委员会发布了气候相关披露准则的最终版本，约 200 家在经济领域中重要的新西兰企业将自 2023 年 1 月 1 日起执行气候相关披露准则。最终发布的气候相关披露准则包括：《新西兰气候准则第 1 号——气候相关披露》《新西兰气候准则第 2 号——新西兰气候准则的采用》《新西兰气候准则第 3 号——气候披露的一般要求》。在此之前，新西兰政府通过立法，要求大型上市公司、保险公司、银行、非银行存款机构和投资管理公司必须披露与气候相关的信息。

9.3 禁止进口固体废物

我国已全面禁止“洋垃圾”入境，实现固体废物零进口目标。2022 年 10 月，生态环境部领导接受采访时表示，我国已经全面禁止“洋垃圾”进口，实现固体废物零进口目标。自 2017 年 7 月国务院办公厅印发《禁止洋垃圾入境推进固体废物进口管理制度改革实施方案》以来，生态环境部会同商务部、国家发展改革委、海关总署联合印发《关于调整〈进口废物管理目录〉的公告》（公告 2018 年第 6 号）、《关于调整〈进口废物管理目录〉的公告》（公告 2018 年第 68 号），有序减少固体废物进口种类和数量。2019 年 7 月 1 日起，废钢铁、铜废碎料、铝废碎料等 8 个品种的固体废物由《非限制进口类可用作原料的固体废物目录》调入《限制进口类可用作原料的固体废物目录》，实施进口审批制度。

2019 年 12 月 31 日起，不锈钢废碎料、钛废碎料、木废碎料等 16 个品种的固体废物从《限制进口类可用作原料的固体废物目录》《非限制进口类可用作原料的固体废物目录》调入《禁止进口固体废物目录》，禁止进口。

9.4 小结

9.4.1 存在的问题

欧盟 CBAM 短期内会造成我国钢铁、铝等高碳密集型行业的产品成本上升，削弱出口竞争力。从行业角度看，短期内欧盟 CBAM 对我国高碳密集型行业影响较大。研究表明：欧盟实施 CBAM 将使我国钢铁和铝行业每年分别增加支付碳边境调节税达到 26 亿～28 亿元、20 亿～23 亿元，其中钢铁每吨增加成本在 652～690 元，铝每吨增加成本在 4 295～4 909 元；尤其是若考虑外购电力产生的间接碳排放也纳入 CBAM 征缴范围，则对铝行业影响程度更大，仅考虑铝产品直接碳排放场景模拟得到的赋税占比为 4%～8%，而考虑铝产品直接和间接碳排放情景下赋税占比骤升至 26%～51%。

自由贸易协定下我国的环境规则与 CPTPP 环境规则具有一定的差距。从环境保护的角度来看，CPTPP 环境章节继续维持了 TPP 环境专章的规定和内容。CPTPP 环境章节以“大环境”概念为基础，涉及臭氧层保护、保护和可持续利用生物多样性、海洋环境保护、渔业、环境产品和服务、低碳转型等诸多与贸易密切相关的环境领域，涉及生态环境部、商务部、自然资源部、农业农村部、公安部、国家气象局和财政部等多部门职能。同时，在信息公开、公众参与、正当程序下的我国现有的环境管理和监督具有一定的挑战。

9.4.2 发展方向

充分衔接国内碳达峰碳中和行动，深入参与和引领国际标准与规则制定，完善碳排放权交易制度，多手段协同推进全面绿色低碳转型。

深化国际绿色低碳发展合作，积极参与和引导制定国际规则。坚持应对气候变化的“共同但有区别的责任”原则，反对发达国家把气候变化问题“武器化”，争取全球碳交易市场规则制定的话语权。加强与欧盟的碳对话机制建立，特别是针对 CBAM 的关键问题如贸易产品的隐含碳测算、碳排放基准值设定等，与欧盟积极开展双边对话。推动建设“绿色丝绸之路”，充分发挥“一带一路”绿色发展国际联盟作用。对发达国家立场趋于一致的倾向保持高度关注，识别国际气候俱乐部机制可能带来的风险，持续倡议平衡、有效、可持续的多边气候合作机制。

加快健全碳排放权交易制度。完善全国碳市场法制体系，强化数据质量监管力度和运行管理水平，逐步扩大全国碳市场行业覆盖范围。探索纳入有偿分配与配额总量控制等制度。积极探索与国外碳市场的链接，在目标设定、配额初始发放、核算规则等碳交易规则方面加强与欧盟协调对接，推动国内碳市场项目与欧盟 CBAM 项目互认。坚持多边机制，逐步推动建立区域乃至全球碳市场。

完善环境与贸易规则，提升我国绿色贸易水平。高水平环境与贸易规则构建是我国探索更高水平国际经贸规则的又一起点，下一步应结合国际已实施的高水平自贸协定以及我国在谈的相关贸易投资协定，从有利于推动提升我国绿色贸易水平角度出发，丰富和完善自贸协定环境规则内容，同时做好实施环境议题机制顶层设计，加强部门间协调和策应，推动我国生态环境及环境管理的发展。

10

环境资源价值核算政策

环境资源价值核算政策对加强生态环境保护、促进生态文明建设、建设美丽中国具有重要意义。2022 年，我国多地积极探索生态产品价值实现路径，不断完善生态产品价值形成机制试点建设，推进自然资源资产负债表编制，生态环境资产核算工作取得新突破，环境损害赔偿制度进一步健全，推动环境资源价值核算研究探索不断深入。

10.1　自然资源资产负债表试点

多地积极推进自然资源资产负债表编制。2022 年 6 月，青海省统计局召开 2022 年全省自然资源资产负债表编制试点工作暨培训会议，部署 2021 年祁连山国家公园青海片区、三江源国家公园和 2020 年全省自然资源资产负债表编制试点工作，2022 年 7 月，福建省出台了《福建省自然资源资产负债表编制制度（试行）》，核算内容包括土地资源、林木资源、水资源、矿产资源和海洋资源，作为全国首个国家生态文明试验区，积极探索编制自然资源资产负债表制度。内蒙古自治区推动落实 2021 年的《内蒙古实物量自然资源资产负债表编制制度（试行）》，组织全区开展实物量自然资源资产负债表编制工作，主要内容包括土地资源资产账户、草原资源资产账户、林木资源资产账户、水资源资产账户和矿产资源资产账户。

10.2 生态环境资产核算试点

国家积极推进地方探索生态环境资产核算工作。2022 年 3 月，国家发展改革委和国家统计局系统总结国内外生态产品总值核算理论研究成果和实践探索经验，在 2021 年发布的《关于建立健全生态产品价值实现机制的意见》基础上，联合印发《生态产品总值核算规范（试行）》，明确了生态产品总值核算的指标体系、具体算法、数据来源和统计口径。

2022 年 6 月，国家林业和草原局与国家统计局联合印发通知，决定在内蒙古自治区、福建省、河南省、海南省、青海省等 5 省（区）开展森林资源价值核算试点工作，试点工作将以第三次全国国土调查结果为统一底板，依据第九次全国森林资源清查数据以及相关林草生态综合监测数据，对试点省份全域及以地级市为单元开展森林资源价值量核算，并结合林木资源及生态价值定价、生态补偿标准制定、生态投融资政策设计、生态绩效考核、自然资源资产负债表编制和领导干部自然资源资产离任审计，全面评估森林资源价值核算方法的科学性、匹配性和操作性。该项试点工作于 2022 年 12 月 31 日前完成。

常熟市发布生态系统生产总值核算报告。作为国家生态文明建设示范区，常熟在 2021 年 10 月率先启动生态系统生产总值核算，对全市范围内的森林、湿地、农田等生态系统类型分布与面积进行详细调查分析，构建苏州地区首套生态系统生产总值核算指标体系，并在此基础上全面开展生态产品功能量和价值量核算。2022 年 8 月，《常熟市生态系统生产总值（GEP）核算研究报告》通过专家评审。经测算，2020 年常熟市

GEP 总值为 1 722.75 亿元，较 2015 年（1 522.49 亿元）增长 13.2%，2020 年常熟市 GDP 总值为 2 365.43 亿元，GEP 转化率为 72.8%，“两山”通道转换工作初显成效。

深圳市罗湖区将生态系统生产总值纳入生态文明考核体系。自 2021 年 3 月深圳发布全国首个 GEP 核算“1+3”制度体系后，深圳 GEP 核算制度改革陆续在各区（新区）落地。2022 年 8 月，深圳市罗湖区发布《罗湖区 2022 年生态系统生产总值（GEP）考核实施方案》，将 GEP 正式纳入罗湖区生态文明考核体系中，GEP 考核体系通过直观的数据给生态家底贴上“价格标签”，更清晰地体现“一山一水一草一木”对全区域生态系统的作用。

长沙县在全省率先开展生态系统生产总值（GEP）核算。长沙县于 2021 年启动 GEP 核算工作，编制印发了《长沙县生态系统生产总值 GEP 核算工作方案》，组织协调有关单位成立工作专班，梳理 GEP 核算所需数据清单，通过资料调度、收集，开展现场问卷调查、土壤采样和监测等工作，构建了长沙县 GEP 核算指标体系，在此基础上，开展各项指标实物量和价值量核算。2022 年 5 月，长沙县发布了《长沙县 2020 年生态系统生产总值（GEP）核算报告》，这是湖南省首个县域生态系统生产总值（GEP）的核算成果，率先晒出“绿色家底”，也为“绿水青山”如何更好地转化为“金山银山”打开了新思路。

10.3 环境损害赔偿

生态环境损害赔偿制度建设持续推进。2022 年 4 月，生态环境部联合最高人民法院、最高人民检察院等 13 家单位共同印发了《生态环境损害赔偿管理规定》，明确了部门任务分工、地方党委和政府职责，对案件线索筛查、案件管辖、索赔启动、损害调查、鉴定评估、索赔磋商、司法确认、赔偿诉讼、修复效果评估等重点工作环节做出明确细化的规定。规定完善了鉴定评估机构建设、鉴定评估技术方法、资金管理、公众参与和信息公开等保障机制，加强督察考核，指导改革全面深入开展，进一步规范生态环境损害赔偿工作，推进生态文明建设，建设美丽中国。

强化对流域水体损害赔偿制度改革的指导支持。2022 年 1 月，国家发展改革委、生态环境部、水利部印发《关于推动建立太湖流域生态保护补偿机制的指导意见》，提出到 2023 年，建立健全太浦河生态保护补偿机制，太湖流域治理协同性、系统性、整体性显著提升，太湖流域水质得到持续改善，区域高质量发展的生态基础进一步夯实，到 2030 年，太湖全流域生态保护补偿机制基本建成，太湖全流域水质稳定向好，山清水美的自然风貌生动再现，为全国流域水环境综合协同治理打造示范样板。2022 年 9 月，生态环境部等 17 部门联合发布《深入打好长江保护修复攻坚战行动方案》，指出落实生态环境损害赔偿制度，切实追究生态环境修复和赔偿责任，促进相关行政机关依法履行执法监管职责，对生态环境造成损害的，追究违法主体生态损害修复、赔偿责任。

地方积极落实环境损害赔偿制度出台。2021 年 12 月，浙江省生态环境厅等九部门印发《浙江省生态环境损害赔偿鉴定评估办法》，按照规定的程序和方法，综合运用科学技术和专业知识，调查污染环境、破坏生态行为与生态环境损害情况，分析污染环境或破坏生态行为与生态环境损害间的因果关系，评估污染环境或破坏生态行为致生态环境损害的范围和程度，确定生态环境恢复至基线并补偿期间损害的恢复措施，量化生态环境损害数额，进一步推进生态环境损害赔偿制度改革，促进受损生态环境修复、赔偿到位，做好生态环境损害赔偿鉴定评估工作。2022 年 8 月，黑龙江省制定了《黑龙江省生态环境损害赔偿工作规定》，推动黑龙江省生态环境损害赔偿工作深入开展，启动生态环境损害赔偿、开展调查、委托鉴定评估机构进行生态环境损害鉴定评估、生态环境损害索赔磋商、司法确认等工作，自觉站在构建现代环境治理体系的高度，积极参与生态环境损害赔偿制度改革。

10.4 小结

10.4.1 存在的问题

生态产品价值实现机制亟待健全。我国生态产品价值实现工作起步较晚，价值实现机制不健全，涉及的制度技术条件和利益关系较为复杂，实践中还存在生态产品底数不清、价值核算不规范、价值实现渠道不顺畅、价值转化不充分等问题。生态产品包含的劳动价值并不多，缺乏价格形成的劳动价值基础，大部分很难进行市场交易，存在以市场为主导的生态产品价值实现的投资回报周期长、回报率较低、内生动力不足等问题。此外，以政府为主导的生态产品价值实现力度不够，且财政资金的使用效率有待提高。

生态系统核算准确性尚存难题。生态产品价值核算面临着核算方法不统一、核算指标体系差异大、供需关系因素考虑不足、市场认可度不高、数据质量有待提升的问题，导致结果缺乏区域可比性和市场认可度，地方价值核算量缺乏市场认可度。空间地理尺度差异加大了价值核算的难度，一些较大地理跨度生态产品（如国家公园、重点生态功能区）的正外部性价值核算难度较大，对政府补偿性资金依赖程度高。数字化和大数据技术应用不足，限制了地方自然资源资产的盘点，降低了核算数据准确性。

环境损害赔偿亟须相关法律规定的进一步支持。对于环境损害赔偿的责任主体认定方面存在较大争议，既包括一般的民事主体，又包括国家规定的机关或者法律规定的组织（如检察机关、相关公益组织以及地方政府）。同时，如何有效认定生态环境损害的构成要件并对损害结果进行量化是实践的重点和难点，相关法律规定尚未明确界定，缺乏一套对生态系统环境要素的实质损害及后续惩罚性赔偿的标准体系。

10.4.2 发展方向

促进政府、市场参与生态产品价值实现。强化政府战略决策与市场灵活决策的全面引领，提高长期发展目标与及时效率目标的有机融合，使生态产品价值实现既能够满足人民群众的“小诉求”，又能够体现国家发展的“大格局”。政府要与时俱进，顺应社会经济发展趋势，强化提升优质生态产品的生产供给能力，满足人民群众对优美生态环境、优质生态产品的“强烈诉求”。善于引入市场力量和竞争机制，培育生态产品生产成为战略性新兴产业，充分发挥市场机制在生态资源配置中的重要作用，以发展经济的方式解决生态环境的外部不经济性。提高驾驭社会主义市场经济的综合实力，激发有效市场的创新力和倒逼机制，为生态产品价值实现获得必需的制度基础、政策引导和权威力量，以提高生态产品价值实现的效率和效果。

持续推进生态配额交易工作。结合新冠疫情、国内外经济与社会发展形势等因素，适度提高受影响地区生态配额权初始分配。发挥市场机制，探索培育国家之间、地区之间、企业之间的碳排放权、水权、用能权、排污权市场交易体系；加强制度衔接，统一规范确权、登记、流转等关键环节名称。适时推广生态环境权益有偿使用新机制，推动在各类生态配额交易关键环节建立统筹协调的技术方法，将各类生态配额交易整合成为一个系统的制度体系。

制定生态产品价值核算规范。鼓励地方先行开展以生态产品实物量为重点的生态价值核算，再通过市场交易、经济补偿等手段，探索不同类型生态产品经济价值核算，逐步修正完善核算办法。在总结各地价值核算实践的基础上，探索制定生态产品价值核算规范，明确生态产品价值核算指标体系、具体算法、数据来源和统计口径等，进一步推进生态产品价值核算标准化。

明确损害赔偿责任主体，完善损害赔偿机制。明确环境损害赔偿的责任主体，严格落实一般民事主体，国家机关、检察机关、公益组织、地方政府等主体的责任范围，并通过立法等方式予以明确。完善生态环境损害赔偿机制，制定统一的生态环境损害评估规范和技术体系，提高评估机构和人员的准入门槛，细化完善生态损害评估监管制度。根据生态环境损害评估规范，制定统一、严格、阶梯状的生态环境损害赔偿标准，并适度提高赔偿标准的限额。明确环境损害惩罚性赔偿适用条件，设立无过错责任及因果关系举证责任倒置规则，有效弥补受害者与污染者地位的不平等性。

11 行业环境经济政策

国家越来越强调分行业精细化管理，逐步加大行业环境政策的研究制定和实施力度，从名录式、清单式行业环境管理应用工具，到推进重点行业水效、能效、环保“领跑者”制度实践，到绿色供应链，再到环境信息强制性披露及信用体系建设，从国家到地方都形成了一系列的政策探索及制度落地，积极推进了工业行业的环境差别管理、市场手段高效应用、监督监管精准施策等，有效强化了工业行业的节能减排、污染治理水平。

11.1 环境保护综合名录及生态环保相关清单

《环境保护综合名录》规范化进一步加强。为进一步规范《环境保护综合名录》研究论证、制定修订、成果应用的工作内容、程序和要求，适应生态环保新要求，在原有技术规范基础上起草了《〈环境保护综合名录〉制修订工作规范》，进一步加强名录的规范化、科学化。强化《环境保护综合名录》与出口退税政策、产业结构调整、绿色转型等相关政策的研究应用。

2022 年《国家先进污染防治技术目录（水污染防治领域）》。2022 年 12 月，生态环境部办公厅印发了 2022 年水污染防治领域的国家先进污染防治技术目录。《国家先进污染防治技术目录》是生态环境部结合环境污染治理的重点及热点领域推出的技术水平先进、环境效益明显、经济可行的污染防治技术名录。自 1991 年至今已累计推广技术及工程近 4 000 项。2022 年公示的水污染防治领域的 38 项水污染防治技术，涉及城镇及农村生活污水、工业企业及园区废水等多个水污染治理领域。

2022 年 12 月，生态环境部办公厅印发《国家重点推广的低碳技术目录（第四批）》。该目录是为大力支持低碳技术应用和推广、促进碳达峰碳中和目标实现，由生态环境部组织征集并筛选的，包括节能及提高能效类技术，非化石能源类技术，燃料及原材料替代类技术，工艺过程等非二氧化碳减排类技术，碳捕集、利用与封存类技术，碳汇类技术 6 类共 35 项低碳技术。

2022 年 12 月，生态环境部会同有关部门印发了《重点管控新污染物清单（2023 年版）》。清单主要包括四类 14 种新污染物，包括《关于持久性有机污染物的斯德哥尔摩公约》明确的持久性有机污染物（POPs），已列入有毒有害大气污染物名录或有毒有害水污染物名录、需实施重点管控的新污染物，近期社会高度关注的环境内分泌干扰物壬基酚、抗生素类物质，已淘汰的持久性有机污染物。通过对以上污染物质的管控，防控突出的新污染物环境风险，切实保障生态环境安全和人民群众身体健康。

为落实《工业和信息化部办公厅关于开展绿色制造体系建设的通知》要求，工业和信息化部自 2016 年起启动推动绿色设计产品评价工作。该项工作按照《绿色设计产品评价试点实施方案》要求，依据绿色设计产品评价标准，在企业自我声明和自愿申请的基础上，经材料审核、专家评审、公示等环节形成。截至 2022 年 9 月，共形成包括石化行业、建材行业、钢铁有色等 7 个行业的绿色设计产品标准清单 161 项（表 11-1）。

表 11-1 绿色设计产品标准清单（节选）

序号	标准名称	标准编号
1	《生态设计产品评价通则》	GB/T 32161—2015
2	《生态设计产品标识》	GB/T 32162—2015
石化行业（29 项）		
3	《绿色设计产品评价技术规范　复混肥料（复合肥料）》	HG/T 5680—2020
钢铁行业（26 项）		
32	《绿色设计产品评价技术规范　稀土钢》	T/CAGP 0026—2018 T/CAB 0026—2018
有色行业（23 项）		
58	《绿色设计产品评价技术规范　锑锭》	T/CNIA 0004—2018
建材行业（10 项）		
81	《生态设计产品评价规范　第 4 部分：无机轻质板材》	GB/T 32163.4—2015
机械行业（30 项）		
91	《绿色设计产品评价技术规范　金属切削机床》	T/CMIF 14—2017
轻工行业（15 项）		
121	《生态设计产品评价规范　第 1 部分：家用洗涤剂》	GB/T 32163.1—2015
纺织行业（20 项）		
136	《绿色设计产品评价技术规范　涤纶磨毛印染布》	T/CAGP 0030—2018 T/CA 0030—2018
通信行业（3 项）		
156	《绿色设计产品评价技术规范　通信电缆》	T/CCSA 255—2019
包装行业（3 项）		
159	《绿色设计产品评价技术规范　折叠纸盒》	T/CPF 0014—2021

11.2 环境信息依法披露

建立健全环境信息依法强制性披露规范要求。2022 年 1 月，生态环境部印发《企业环境信息依法披露格式准则》（环办综合〔2021〕32 号），对年度环境信息依法披露报告（以下简称年度报告）和临时环境信息依法披露报告（以下简称临时报告）的内容与格式进行了规定。年度报告规定了关键环境信息提要，企业基本信息，企业环境管理信息，污染物产生、治理与排放信息，碳排放信息等应当披露的具体内容。临时报告规定了企业产生生态环境行政许可变更、生态环境行政处罚、生态环境损害赔偿等情况，应当披露的环境信息。同时规定，对已披露的环境信息进行变更时，应当披露变更内容、主要依据。该准则强化环境信息披露的规范性，要求信息应当真实、准确、客观，使用的语言、表述应通俗易懂、便于公众理解。

推动健全环境信息依法强制性披露监督机制。生态环境部指导地方开展了第一披露周期的披露企业筛选、名单制定、制度答疑工作，筛选了近 13 万家上市公司及子公司，2 万余家发债企业，建立上市公司与发债企业基础数据库，供地方在制定环境信息依法披露企业名单时参考，协助地方确定包含 8.5 万家企业的环境信息依法披露企业名单，对名单实行动态更新并及时向社会公开。鼓励行业协会指导会员企业做好环境信息披露，生态环境部指导石化联合会制定和发布《石化和化工企业环境信息披露指南》（T/CPCIF 0182—2022）、《石化和化工企业环境责任信息披露评价规范》（T/CPCIF 0183—2022），推进石化行业中央企业做好环境信息依法披露。建立环境信息共享机制，印发《企业环境信息依法披露系统建设方案》及数据库、接口、界面技术规范，统一规范地方系统建设，加强部级、省级和市级系统的数据对接与互联互通，为后续环境信息依法披露业务的信息化管理，以及为后续披露环境信息共享至同级信用信息共享平台、金融信用信息基础数据库，夯实绿色金融工作基础提供数据支撑。

相关部委积极推进环境信息强制性披露工作。2022 年 6 月，国资委印发《中央企业节约能源与生态环境保护监督管理办法》，其中第十九条明确要求，中央企业应自觉履行环境信息强制性披露责任，严格按照法律法规要求的内容、方式和时限如实规范披露环境信息。工业和信息化部印发《关于促进钢铁工业高质量发展的指导意见》（工信部联原〔2022〕6 号），明确推动钢铁行业依法披露环境信息。《关于推动轻工业高质量发展的指导意见》（工信部联消费〔2022〕68 号）明确推动企业依法披露环境信息；《关于“十四五”推动石化化工行业高质量发展的指导意见》明确了依法披露环境信息的要求；《关于加强产融合作推动工业绿色发展的指导意见》（工信部联财〔2021〕159 号）提出了推进高耗能、高污染企业和相关上市公司强制披露环境信息的任务。

推进 ESG 发展的顶层设计与制度建设。2022 年 2 月，中国人民银行等发布了《金融标准化“十四五”发展规划》，指出丰富绿色金融产品与服务标准、加快制定上市公司和发债企业环境信息披露标准、研究制定并推广金融机构碳排放核算标准、建立 ESG 评价标准体系等，明确了未来的 ESG 标准体系建设的工作重点。2022 年 5 月，国资委发布的《提高央企控股上市公司质量工作方案》明确要求更多中央企业控股上市公司披露 ESG 专项报告，力争到 2023 年相关专项报告披露全覆盖。2022 年 1 月，上海证券交易所发布《关于做好科创板上市公司 2021 年年度报告披露工作的通知》，首次要求科创 50 指数公司单独披露社会责任报告或 ESG 报告，并重点披露助力“双碳”目标、促进可持续发展的行动情况。2022 年 11 月，财政部出台的《关于进一步推动 PPP 规范发展、阳光运行的通知》首次提出要探索开展绿色治理（ESG）评价，充分挖掘项目潜在经济效益、社会效益、环境效益，算好整体账和长远账。2022 年 10 月，社保基金会出台了《全国社会保障基金理事会实业投资指引》，提出了要加大对 ESG 主题基金和项目投资，将环境、社会、治理等因素纳入实业投资尽职调查及评估体系。

企业 ESG 信息披露标准逐步完善。2022 年 1 月上海证券交易所和深圳证券交易所分别更新了其上市规则，首次纳入了企业社会责任相关内容，包括在公司治理中纳入社会责任、要求按规定披露企业履行社会责任情况、损害公共利益可能会被强制退市等三个方面。2022 年 4 月证监会发布《上市公司投资者关系管理工作指引》，将 ESG 信息作为投资者关系管理中上市公司与投资者沟通的内容之一。2022 年 6 月，新华网联合国家市场监督管理总局发展研究中心、中国质量万里行促进会共同发布了《企业 ESG 信息披露通则》团体标准，为政府决策、监管政策落实、企业规范发展提供了服务与支撑。

11.3 节能环保“领跑者”

国家层面及各地高度重视环保、能效、水效“领跑者”制度制定与落实。2022 年，国家积极推进环保、能效、水效等领域的“领跑者”制度建设与实施，从顶层设计部署相关制度，强化环保、节能、节水提效“领跑”技术的驱动力，以需求为导向，聚焦重点制度、重点机构、重点行业、重点产品、重点设备、重点工序，进一步加大“领跑者”制度的应用领域和关键作用；以应用为导向，进一步加大先进机构、节能节水提效工艺技术装备遴选和推广力度，打造重点用能用水机构和行业能效、水效“领跑者”，以标杆示范引导全社会、全行业节能节水、提质增效（表 11-2）。

表 11-2 国家文件中对“领跑者”制度的部署与要求

序号	文件来源	主要内容
1	《国家发展改革委等部门关于新时代推进品牌建设的指导意见》（发改产业〔2022〕1183 号）	开展对标达标提升行动，鼓励企业制定高于国际标准、国家标准水平的企业标准，推动形成一批具有引领带动作用的企业标准“领跑者”和一批具有市场竞争力的“领跑者”标准
2	《上海市碳达峰实施方案》	实施钢铁、石化化工、电力、数据中心等重点行业节能降碳工程，对标国际先进标准，深入开展能效对标达标活动，打造各领域、各行业能效“领跑者”，提升能源资源利用效率
3	福建省《省级工业领域重点用能行业能效“领跑者”标杆企业遴选工作实施方案》	建立工业领域重点用能行业能效“领跑者”制度，坚持企业自愿申报、总量控制、好中选优等原则，定期发布能效“领跑者”企业名单及其能效指标，通过树立标杆、宣传推广、政策激励，形成推动能效水平整体提升的长效机制

落实国家节水行动，推广节水器具，树立节水标杆。水利部、国家发展改革委联合印发《关于开展 2022 年度用水产品水效领跑者遴选工作的通知》。此次遴选对象为坐便器、智能坐便器和洗碗机等 3 类产品，按照企业申请、地方推荐、专家评审等程序组织实施。明确申报产品应符合国家水效标准 1 级和相关质量性能标准等要求，申报企业应具有完备的质量管理体系、健全的供应体系和良好的售后服务能力等要求。2023 年 1 月，水利部办公厅、国家发展改革委办公厅公布 2022 年度用水产品水效“领跑者”名单，30 个型号产品入选。入围企业将积极推广水效“领跑者”产品，保障水效“领跑者”产品的生产、市场供应和售后服务，按照承诺要求完成年度推广任务。

树立先进典型，推动企业、园区开展水效对标达标，提升工业用水效率。2022 年 7 月，工业和信息化部办公厅、水利部办公厅、国家发展改革委办公厅、国家市场监督管理总局办公厅联合发布《关于组织开展 2022 年重点用水企业、园区水效领跑者遴选工作的通知》（工信厅联节函〔2022〕163 号），依据节水型企业国家标准，2022 年度遴选对象主要是钢铁、炼焦、石油炼制、乙烯、氯碱（烧碱、聚氯乙烯）、氮肥（合成氨、尿素）、现代煤化工（煤制甲醇、煤制乙二醇、煤制油、煤制合成天然气、煤制烯烃）、纺织染整、化纤长丝织造、造纸、啤酒、味精、氧化铝、电解铝、多晶硅、船舶制造、铁矿采选等 17 个行业工业企业，以及具有法定边界和范围、具备统一管理机构的县级以上工业园区。2023 年 1 月，经企业和园区申报、地方推荐、专家评审，确定了 2022 年重点用水企业、园区水效“领跑者”名单。

各地结合减污降碳和资源能源高效利用要求积极落实“领跑者”制度实践。全国多个地方结合减污降碳实际需求和能源高效利用的政策要求，推动能效、水效等领域“领跑者”制度研究与实践，积极构建低碳发展模式和节约型社会（表 11-3）。

表 11-3　地方“领跑者”制度实践

序号	地区	主要内容
1	北京市	北京市组织开展工业节能诊断服务、工业企业能效对标、能效“领跑者”遴选推荐等工作，优化提升能效水平。制定《北京绿色制造实施方案》，制定并动态更新《北京市工业污染行业、生产工艺调整退出及设备淘汰目录》，加快工业转型升级，提升绿色发展水平。强化公共机构示范作用。党的十八大以来，北京市公共机构数据中心节能改造已累计完成 226 个项目，每年可实现节电 2 137 万 kW·h。完成国家大剧院等 109 家国家节约型公共机构示范单位和首都图书馆等 10 家国家公共机构能效“领跑者”创建工作
2	浙江省	浙江省落实国家节水行动，创新开展“节水贷”融资服务，激发节水市场内生动力，助力国家节水行动，“节水贷”优先支持水效“领跑者”、节水标杆企业、节水型企业、获得国家节水标志认证的产品和装备制造企业
3	安徽省	组织开展重点耗能行业能效水平对标达标，积极推进高耗能企业落实能效“领跑者”制度。完成国家下达的规模以上工业企业单位增加值能耗降低目标

序号	地区	主要内容
4	湖南省	节约型公共机构示范单位创建全面铺开，全省成功创建 103 家国家节约型公共机构示范单位，12 家能效“领跑者”单位。全省 3 万余家公共机构实现能耗数据网上直报
5	青海省	深入开展节约型公共机构示范单位创建和能（水）效“领跑者”遴选工作，创建节约型公共机构示范单位 60 家、公共机构能效“领跑者”10 家、水效“领跑者”3 家，累计创建节约型机关 1 269 家（不含中央所属单位）、节水型单位 839 家
6	湖北省	公共机构领域，组织开展节约型示范单位创建活动，全省创建 12 家国家级公共机构能效“领跑者”、3 家省级公共机构能效“领跑者”、167 家国家级节约型公共机构示范单位、240 家省公共机构节能示范单位
7	江西省	全面开展节约型机关创建活动，积极推进节约型示范单位创建，全省共成功创建 179 家国家级、178 家省级节约型公共机构示范单位，8 家公共机构被授予全国能效“领跑者”。公共机构人均综合能耗、单位建筑面积能耗、人均用水量 3 项指标呈逐年下降趋势，完成了国家下达目标任务
8	广西壮族自治区	全区 3 万多家公共机构广泛开展节约型公共机构示范单位创建工作，创建国家级节约型公共机构示范单位 98 家、能效“领跑者”12 家，国家级公共机构水效“领跑者”6 家，261 家单位获得广西节水型单位称号
9	云南省	加快淘汰低效落后产能，严把“两高”项目能评关和环评关，加快重点领域节能降碳改造。全省累计发布钢铁、水泥、合成氨、工业硅、制糖等 16 个行业 111 户（次）工业企业能效“领跑者”。近 3 年来对全省 720 户工业企业提供工业节能诊断服务，挖出节能潜力累计达 102.6 万 t 标准煤

11.4 环保信用

首次提出生态环保信用制度。2022 年 3 月，中共中央办公厅、国务院办公厅印发《关于推进社会信用体系建设高质量发展促进形成新发展格局的意见》，提出完善生态环保信用制度。生态环保信用制度是一个全新的表述，从环境信用评价到环保信用评价，再到生态环保信用制度，不同的政策表述体现了制度发展的不同阶段。作为一个全新的表述，生态环保信用制度涵盖了更为丰富的内涵。一是推动全面实施环保信用评价，促进全国统一大市场建设；二是以完善的生态环保信用制度促进畅通国内大循环；三是以信用风险为导向优化配置监管资源，在生态环保等重点领域推进信用分级分类监管，提升监管精准性和有效性。

全国环境信用评价工作稳步推进。27 个省级生态环境部门制定了环保信用评价办法，由市县生态环境部门开展环保信用评价，评价结果作为分级分类监管依据，同时共享至信用信息平台并向社会公开。如山东省、江苏省环保信用评价工作均由设区的市级生态环境主管部门开展，江西省环保信用评价工作由设区市环保局、县（市）环保局按照“分级管理”原则组织开展。为规范上海市企事业单位生态环境信用评价工作，2022 年 8 月，上海市生态环境局印发《上海市企事业单位生态环境信用评价管理办法（试行)》。

表 11-4　企业环境信用评价政策文件一览

区域	政策文件（以最新发布为准）	发布时间
国家	《关于推进社会信用体系建设高质量发展促进形成新发展格局的意见》	2022 年
国家	《关于对环境保护领域失信生产经营单位及其有关人员开展联合惩戒的合作备忘录》	2016 年
国家	《关于加强企业环境信用体系建设的指导意见》	2015 年
国家	《企业环境信用评价办法（试行）》	2013 年
天津	《天津市企业环境信用评价和分类监管办法（试行）》	2021 年
河北	《河北省企业环境信用管理办法（试行）》	2021 年
山西	关于发布《山西省企业环境行为评价办法》的通知	2008 年

区域	政策文件（以最新发布为准）	发布时间
内蒙古	《内蒙古自治区企业环境信用评价实施方案（试行）》	2015 年
辽宁	《辽宁省企业环境信用评价管理办法》	2020 年
吉林	《吉林省企业环境信用评价方法（试行）》	2017 年
黑龙江	《黑龙江省企业环境信用评价暂行办法》	2017 年
江苏	《江苏省企业环保信用评价暂行办法》	2018 年
安徽	《安徽省企业环境信用评价实施方案》	2017 年
福建	《福建省企业环境信用动态评价实施方案（试行）》	2018 年
江西	《江西省企业环境信用评价及信用管理暂行办法》	2017 年
山东	《山东省企业环境信用评价办法》	2018 年
河南	《河南省企业事业单位环保信用评价管理办法》	2018 年
湖北	《湖北省企业环境信用评价办法（试行）》	2017 年
湖南	《湖南省企业环境信用评价管理办法》	2018 年
广西	《广西壮族自治区企业生态环境信用评价办法》	2021 年
海南	《海南省生态环境厅环境保护信用评价办法（试行）》	2020 年
重庆	《重庆市企业环境信用评价办法》	2017 年
四川	《四川省企业环境信用评价指标及计分方法（2019 年版）》	2019 年
贵州	《贵州省企业环境信用评价指标体系及评价办法（试行）》	2018 年
	《贵州省环境保护失信黑名单管理办法（试行）》	2015 年
西藏	《西藏自治区企业环境信用等级评价办法（试行）》	2014 年
陕西	《陕西省企业环境信用评价办法》及《陕西省企业环境信用评价要求及考核评分标准》	2015 年
甘肃	《甘肃省环保信用评价管理办法（试行）》	2021 年
宁夏	《宁夏回族自治区企业环境信用评价办法》	2019 年

区域	政策文件（以最新发布为准）	发布时间
青海	《青海省企业环境信用评价管理办法（试行）》	2021 年
新疆	《新疆维吾尔自治区企业环境信用评价管理办法（试行）》	2018 年
上海	《上海市企事业单位生态环境信用管理办法（试行）》	2022 年

地方环境信用评价实践范围存在差异。上海市评价工作将参评企业划分为市重点排污单位和年度内有过一定程度环境行政处罚的企业。重庆市共列举了 15 类必须参与评价的企业，其中包括“环境影响评价、环境监测等领域的环境服务机构”，并鼓励未纳入范围的企业、个体工商户自愿申请参评。吉林、山东、湖南的参评企业则为全省行政区域内的所有企业。河北、内蒙古、江苏、湖北、宁夏将国控、省（区）控和市控重点排污单位全覆盖。河南、新疆还分别将辐射类企业、从事环境服务的企业也一并列入。甘肃则是由省级生态环境部门按年度确定全省参评企业数量，具体企业名单由各市、州生态环境部门确定（表 11-5）。各地环境信用评价文件评级分类情况见表 11-6。

表 11-5　企业环境信用评价参评企业范围

区域	评价范围	区域	评价范围
国家	污染物排放总量大、环境风险高、生态环境影响大的企业	河南	全省国控、省控重点监控企业和辐射类企业
河北	重点排污单位（国家级、省级、市级）以及受到环境行政处罚处理的未在重点排污单位内的企业	湖北	国控、省控、市控重点排污企业
内蒙古（乌海）	区级以上（含）重点监控企业；10 类重点行业企业；上一年度发生较大及以上突发环境事件的企业等	湖南	全省范围内企业

区域	评价范围	区域	评价范围
辽宁	污染物排放总量大、环境风险高、生态环境影响大的企业；实际操作时，2018 年参评企业范围为火电、造纸、水泥 3 个行业的相关企业	重庆	污染物排放总量大、环境风险高、生态环境影响大的企业
吉林	辖区内企业	四川	—
黑龙江	重点排污单位	贵州	—
江苏	设区的市级以上生态环境主管部门确定的重点排污单位；列入污染源日常监管的单位；纳入排污许可管理的单位；卫生、社会与服务业有污染物排放的单位；产生环境行为信息的单位	西藏	污染物排放总量大、环境风险高、生态环境影响大的 9 类企业
安徽	污染物排放总量大、环境风险高、生态环境影响大的企业	陕西	4 市 202 家国家重点监控企业（2019 年）
福建	污染物排放总量大、环境风险高、生态环境影响大、环境违法问题突出的企业	甘肃	排放污染物的企事业单位，从事环境治理的企事业单位，从事环境服务的企事业单位，因生态环境违法行为受到行政处罚或被追究刑事责任的企事业单位，法律法规规定的其他应当开展环保信用评价的企事业单位
江西	评价年度生态环境部下达的重点排污单位名单所列企业	宁夏	国控、区控重点企业和地方重点企业
山东	本省行政区域内企业	新疆	纳入排污许可管理的排污单位、从事环境服务的企业和其他应当纳入环境信用评价的企业
青海	本省重点排污单位	广东	1 200 家国家重点监控企业（2018 年度）

注：“—”表示未查到政策原文。

表 11-6　各地环境信用评价文件评级分类情况

区域	等级划分	评分规则
生态环境部	四级	计分制
长三角地区	五级	得分制
浙江省	五级	得分制
山东省	五级	计分制
四川省	四类	计分制
河南省	四类	计分制
深圳市	四类	计分制
江苏省	五级	计分制
辽宁省	四类	计分制

披露渠道以政府网站为主。《关于加强企业环境信用体系建设的指导意见》中规定企业环境信用评价信息的公开方式包括政府网站、报纸等媒体或者新闻发布会等。在河北、吉林等 22 个省（区、市）采用政府网站和报纸、微信公众号、微博等媒体或者新闻发布会等方式公开，辽宁省、黑龙江省、福建省、河南省、海南省、贵州省、陕西省 7 个省在环境信用评价管理系统或平台公开。总体来看，各省（区、市）在披露评价结果渠道的选择上仍以政府网站、报纸、微信公众号、新闻发布会等渠道为主，环境信用管理系统或平台、“信用中国”等渠道使用较少（表 11-7）。

表 11-7　各省（区、市）企业环境信用评价结果信息公开渠道情况

省（区、市）	信息公开渠道
河北省	官网公布
辽宁省	企业环境信用评价管理系统、官网

省（区、市）	信息公开渠道
吉林省	生态环境部门官方门户网站/信用吉林
黑龙江省	生态环境部门网站、政府网站、报纸
江苏省	企事业环保信用评价系统
浙江省	生态环境主管部门门户网站、信用浙江、浙江生态环境官方微博微信
安徽省	省生态环境厅门户网站、信用安徽、省级媒体
福建省	省级生态环境部门网站建设环境信用评价公示平台
江西省	省生态环境厅网站
山东省	部门官网
河南省	省公共信用信息平台、信用中国（河南）、部门门户网站
湖南省	公众网站或公众媒体
海南省	海南省环境信用评价系统
贵州省	省生态环境厅官网、贵州省环境信用信息管理系统
陕西省	省公共信用平台、政府网站、报纸等媒体或者新闻发布会
甘肃省	政府网站、省级媒体
青海省	信用中国（青海）
内蒙古自治区	生态环境厅部门网站、报纸等媒体或者新闻发布会
广西壮族自治区	生态环境主管部门网站
西藏自治区	官方网站、公众媒体
宁夏回族自治区	生态环境部门网站
重庆市	政府网站、报纸、微信公众号等媒体或者新闻发布

社会组织积极开展环保信用评价工作。从社会组织参与评价看，以协会和机构为主体开展信用评价和结果公开。有关协会机构自行制定评价标准，评价结果既作为内部规范管理依据，也向社会公开供利益相关方参考。如环保产业协会制定了环保企业信用评价管理办法和

评价管理细则，对协会会员单位综合信用情况进行评价。中国环境监测总站制定了星级评价标准，对国家生态环境监测网运维单位服务质量进行星级评价。

11.5 小结

11.5.1 存在的问题

环境信息披露法治建设及部委间协作仍需加强。生态环境部及工信部、司法部、中国人民银行、国资委、证监会尚未在相关法律法规制修订中健全环境信息强制性披露的规定，省级人民政府制定地方性环境信息依法披露规章制度相对滞后。各部委推动 ESG 发展的协作机制尚未形成，ESG 缺乏权威的制度设计与标准框架，各部委亟须结合环境信息披露实施情况，建立推动 ESG 的协作机制。

环保“领跑者”制度实施推进严重滞后。目前国家高度重视能效、水效“领跑者”制度实践与实施，制定相关“领跑”标杆标准，开展“领跑者”遴选评选工作，全国各地也积极参与申报和开展地方实践工作。在国家“十四五”规划、工业绿色发展规划、节水型社会建设规划等十余项国家规划和政策文件中明确了“完善能效、水效‘领跑者’制度”的部署和要求。但是在环保方面，自从发布了《环保“领跑者”制度实施方案》，实施工作一直没有实质性进展，相关制度实施研究和落地工作处于停滞状态，各行业环保先进标杆的示范作用有待进一步提升。

环境信用体系建设进展较慢。国家层面缺乏专门立法，目前环保信用体系建设主要是由指导性文件来推动和倡导，政策效力较弱。信用评价覆盖程度不高。大多数已开展的地方评价范围仅限于重点排污单位，即使是走在全国前列的省份，参评仍然没有实现污染源企业全覆盖。信用评价社会化程度不高，在企业环境信用评价的全过程中，公众及社会组织的直接参与度不够。

11.5.2 发展方向

环境信息依法披露工作取得积极进展，基于环境信息披露工作，强化部门间协作推动 ESG 发展。《环境信息依法披露制度改革方案》对环境信息依法披露制度改革做出顶层设计，《环境信息依法披露管理办法》对企业环境信息依法披露制度做出了具体规定与系统安排，《企业环境信息依法披露格式准则》规范了企业环境信息依法披露的主要内容和格式，上述 3 个文件的发布和实施搭建了制度框架、填充了制度内容、规范了制度形式，环境信息依法披露制度框架基本搭建。下一步建议持续加强环境信息披露法治建设和制度完善，推动在相关法律法规制修订中健全环境信息强制性披露的规定，指导省级人民政府制定地方性环境信息依法披露规章制度，建立健全重大环境信息披露请示报告制度。同时，积极推进 ESG 制度顶层设计与标准框架设计，强化部委间、机构间的 ESG 沟通与协作，深化 ESG 标准与评级框架研究，将环境信息强制性披露要求纳入 ESG 框架中，积极推进 ESG 发展与协作。

强化环保“领跑者”制度的基础研究和试点实施。一是要进一步针对水、大气、土壤等要素，针对 VOCs、碳排放、氮磷等关键污染因子开展环保“领跑者”制度试点研究，选择试点产品及行业，设计相关“领跑者”遴选具体指标和遴选程序及要求，有序推进环保“领跑者”制度试点落地，遴选行业生态环保先进领跑标杆，设计激励机制，引导各行业向领跑企业看齐，有序提升全行业环保绩效。

加快推进环境信用体系建设工作。推动企业环保信用评价相关立法工作，将环保信用制度作为《社会信用管理法》的一个重要立法板块增加信用法律效力。鼓励符合条件的第三方信用服务机构向失信市场主体提供信用报告、信用管理咨询等服务。研究推进环保信用修复工作，构建科学合理的环境信用修复机制作为失信惩戒制度的有效补充。

附 件

附件 1　2022 年国家层面出台环境经济政策情况

序号	政策名称	发布部门	发布时间	政策类型	政策来源
1	中共中央　国务院关于加快建设全国统一大市场的意见	国务院	2022 年 3 月 25 日	环境权益政策	http://www.gov.cn/gongbao/content/2022/content_5687499.htm
2	全民所有自然资源资产所有权委托代理机制试点方案	中共中央办公厅、国务院办公厅	2022 年 3 月 17 日	环境权益政策	http://www.gov.cn/xinwen/2022-03/17/content_5679564.htm
3	2021、2022 年度全国碳排放权交易配额总量设定与分配实施方案（征求意见稿）	生态环境部	2022 年 11 月 3 日	环境权益政策	W020221103336162560494.pdf（mee.gov.cn）
4	水利部 发展改革委 财政部关于推进用水权改革的指导意见	水利部、国家发展改革委、财政部	2022 年 8 月 26 日	环境权益政策	http://www.gov.cn/gongbao/content/2022/content_5722387.htm
5	要素市场化配置综合改革试点总体方案	国务院办公厅	2022 年 1 月 6 日	环境权益政策	http://www.gov.cn/zhengce/content/2022-01/06/content_5666681.htm

序号	政策名称	发布部门	发布时间	政策类型	政策来源
6	关于做好全国碳市场第一个履约周期后续相关工作的通知	生态环境部	2022 年 2 月 17 日	环境权益政策	https://www.mee.gov.cn/xxgk2018/xxgk/xxgk06/202202/t20220217_969302.html
7	住房和城乡建设行政处罚程序规定	住房和城乡建设部	2022 年 3 月 10 日	综合类政策	http://www.gov.cn/gongbao/content/2022/content_5696248.htm
8	关于支持山东深化新旧动能转换推动绿色低碳高质量发展的意见	国务院	2022 年 9 月 2 日	综合类政策	https://www.mee.gov.cn/zcwj/gwywj/202209/t20220902_993138.shtml
9	关于印发国家防汛抗旱应急预案的通知	国务院办公厅	2022 年 7 月 7 日	综合类政策	https://www.mee.gov.cn/zcwj/gwywj/202207/t20220707_987881.shtml
10	关于“十四五”新型城镇化实施方案的批复	国务院	2022 年 6 月 7 日	综合类政策	https://www.mee.gov.cn/zcwj/gwywj/202206/t20220607_984767.shtml
11	关于促进新时代新能源高质量发展的实施方案	国家发展改革委、国家能源局	2022 年 5 月 30 日	综合类政策	https://www.mee.gov.cn/zcwj/gwywj/202205/t20220530_983840.shtml
12	关于印发新污染物治理行动方案的通知	国务院办公厅	2022 年 5 月 24 日	综合类政策	https://www.mee.gov.cn/zcwj/gwywj/202205/t20220524_983032.shtml
13	关于印发气象高质量发展纲要（2022—2035 年）的通知	国务院	2022 年 5 月 19 日	综合类政策	https://www.mee.gov.cn/zcwj/gwywj/202205/t20220519_982650.shtml
14	国务院关于支持宁夏建设黄河流域生态保护和高质量发展先行区实施方案的批复	国务院	2022 年 4 月 26 日	综合类政策	https://www.mee.gov.cn/zcwj/gwywj/202204/t20220426_976184.shtml
15	关于加强入河入海排污口监督管理工作的实施意见	国务院办公厅	2022 年 3 月 2 日	综合类政策	https://www.mee.gov.cn/zcwj/gwywj/202203/t20220302_970447.shtml

序号	政策名称	发布部门	发布时间	政策类型	政策来源
16	关于开展第三次全国土壤普查的通知	国务院	2022 年 2 月 16 日	综合类政策	https://www.mee.gov.cn/zcwj/gwywj/202202/t20220216_969291.shtml
17	关于加快推进城镇环境基础设施建设指导意见的通知	国家发展改革委等部门	2022 年 2 月 10 日	综合类政策	https://www.mee.gov.cn/zcwj/gwywj/202202/t20220210_968943.shtml
18	关于印发“十四五”节能减排综合工作方案的通知	国务院	2022 年 1 月 24 日	综合类政策	https://www.mee.gov.cn/zcwj/gwywj/202201/t20220124_968089.shtml
19	环境监管重点单位名录管理办法	生态环境部	2022 年 12 月 1 日	综合类政策	https://www.mee.gov.cn/xxgk2018/xxgk/xxgk02/202212/t20221201_1006540.html
20	尾矿污染环境防治管理办法	生态环境部	2022 年 4 月 11 日	综合类政策	https://www.mee.gov.cn/xxgk2018/xxgk/xxgk02/202204/t20220411_974191.html
21	关于印发《深入打好重污染天气消除、臭氧污染防治和柴油货车污染治理攻坚战行动方案》的通知	生态环境部、国家发展改革委、科学技术部、工业和信息化部、公安部、财政部、住房和城乡建设部、交通运输部、农业农村部、商务部、海关总署、国家市场监督管理总局、中国气象局、国家能源局、中国民用航空局	2022 年 11 月 14 日	综合类政策	https://www.mee.gov.cn/xxgk2018/xxgk/xxgk03/202211/t20221116_1005042.html

序号	政策名称	发布部门	发布时间	政策类型	政策来源
22	关于印发《深入打好长江保护修复攻坚战行动方案》的通知	生态环境部、国家发展改革委、最高人民法院、最高人民检察院、科学技术部、工业和信息化部、公安部、财政部、人力资源和社会保障部、自然资源部、住房和城乡建设部、交通运输部、水利部、农业农村部、应急管理部、国家林业和草原局、国家矿山安全监察局	2022 年 9 月 8 日	综合类政策	https://www.mee.gov.cn/xxgk2018/xxgk/xxgk03/202209/t20220919_994278.html
23	关于印发《黄河生态保护治理攻坚战行动方案》的通知	生态环境部、最高人民法院、最高人民检察院、国家发展改革委、工业和信息化部、公安部、自然资源部、住房和城乡建设部、水利部、农业农村部、中国气象局、国家林业和草原局	2022 年 8 月 15 日	综合类政策	https://www.mee.gov.cn/xxgk2018/xxgk/xxgk03/202209/t20220905_993227.html

序号	政策名称	发布部门	发布时间	政策类型	政策来源
24	关于印发《减污降碳协同增效实施方案》的通知	生态环境部、国家发展改革委、工业和信息化部、住房和城乡建设部、交通运输部、农业农村部、国家能源局	2022 年 6 月 13 日	综合类政策	https://www.mee.gov.cn/xxgk2018/xxgk/xxgk03/202206/t20220617_985879.html
25	关于印发《生态环境损害赔偿管理规定》的通知	生态环境部、最高人民法院、最高人民检察院、科学技术部、公安部、司法部、财政部、自然资源部、住房和城乡建设部、水利部、农业农村部、国家卫生健康委员会、国家市场监督管理总局、国家林业和草原局	2022 年 4 月 28 日	综合类政策	https://www.mee.gov.cn/xxgk2018/xxgk/xxgk03/202205/t20220516_982267.html
26	关于印发《“十四五”环境影响评价与排污许可工作实施方案》的通知	生态环境部	2022 年 4 月 2 日	综合类政策	https://www.mee.gov.cn/xxgk2018/xxgk/xxgk03/202204/t20220418_974927.html

序号	政策名称	发布部门	发布时间	政策类型	政策来源
27	关于印发《关于加强排污许可执法监管的指导意见》的通知	生态环境部	2022 年 3 月 29 日	综合类政策	https://www.mee.gov.cn/xxgk2018/xxgk/xxgk03/202204/t20220401_973304.html
28	关于印发《“十四五”生态保护监管规划》的通知	生态环境部	2022 年 3 月 18 日	综合类政策	https://www.mee.gov.cn/xxgk2018/xxgk/xxgk03/202203/t20220323_972383.html
29	关于进一步加强重金属污染防控的意见	生态环境部	2022 年 3 月 7 日	综合类政策	https://www.mee.gov.cn/xxgk2018/xxgk/xxgk03/202203/t20220315_971552.html
30	关于印发《成渝地区双城经济圈生态环境保护规划》的通知	生态环境部、国家发展改革委、重庆市人民政府、四川省人民政府	2022 年 2 月 14 日	综合类政策	https://www.mee.gov.cn/xxgk2018/xxgk/xxgk03/202202/t20220215_969154.html
31	关于印发《重点海域综合治理攻坚战行动方案》的通知	生态环境部、国家发展改革委、自然资源部、住房和城乡建设部、交通运输部、农业农村部、中国海警局	2022 年 2 月 10 日	综合类政策	https://www.mee.gov.cn/xxgk2018/xxgk/xxgk03/202202/t20220217_969303.html
32	关于印发《农业农村污染治理攻坚战行动方案（2021—2025 年）》的通知	生态环境部、农业农村部、住房和城乡建设部、水利部、国家乡村振兴局	2022 年 1 月 25 日	综合类政策	https://www.mee.gov.cn/xxgk2018/xxgk/xxgk03/202201/t20220129_968575.html

序号	政策名称	发布部门	发布时间	政策类型	政策来源
33	关于印发《“十四五”海洋生态环境保护规划》的通知	生态环境部、国家发展改革委、自然资源部、交通运输部、农业农村部、中国海警局	2022 年 1 月 11 日	综合类政策	https://www.mee.gov.cn/xxgk2018/xxgk/xxgk03/202202/t20220222_969631.html
34	关于加强海水养殖生态环境监管的意见	生态环境部、农业农村部	2022 年 1 月 10 日	综合类政策	https://www.mee.gov.cn/xxgk2018/xxgk/xxgk03/202201/t20220112_966759.html
35	关于深入推进黄河流域工业绿色发展的指导意见	工业和信息化部、国家发展改革委、住房和城乡建设部、水利部	2022 年 12 月 12 日	综合类政策	https://www.miit.gov.cn/zwgk/zcwj/wjfb/yj/art/2022/art_14ac5b2a7bb542ca8b4934b16260822a.html
36	《国家工业和信息化领域节能技术装备推荐目录（2022 年版）》	工业和信息化部	2022 年 11 月 29 日	行业环境经济政策	https://www.miit.gov.cn/zwgk/zcwj/wjfb/gg/art/2022/art_e1e474f6a9e44af2a9c5b7bd4af3f371.html
37	2022 年符合环保装备制造业规范条件企业名单	工业和信息化部	2022 年 12 月 1 日	行业环境经济政策	https://www.miit.gov.cn/zwgk/zcwj/wjfb/gg/art/2022/art_ba5b8c9e557e4dff872a95d1c7b65b03.html
38	关于公布工业产品绿色设计示范企业名单（第四批）的通知	工业和信息化部办公厅	2022 年 11 月 22 日	行业环境经济政策	https://www.miit.gov.cn/zwgk/zcwj/wjfb/tz/art/2022/art_0f4fb432ac2b4e6297f0b5d72ed5b586.html

序号	政策名称	发布部门	发布时间	政策类型	政策来源
39	工业和信息化部办公厅关于印发石化行业智能制造标准体系建设指南（2022 版）的通知	工业和信息化部办公厅	2022 年 11 月 21 日	综合类政策	https://www.miit.gov.cn/zwgk/zcwj/wjfb/tz/art/2022/art_7fa07b40da00442196b542fbea4bf2c3.html
40	关于印发有色金属行业碳达峰实施方案的通知	工业和信息化部、国家发展改革委、生态环境部	2022 年 11 月 10 日	综合类政策	https://www.miit.gov.cn/zwgk/zcwj/wjfb/tz/art/2022/art_aef8faf38c7846c694fa88893b071b10.html
41	《道路机动车辆生产企业及产品》（第 363 批）、《新能源汽车推广应用推荐车型目录》（2022 年第 10 批）、《享受车船税减免优惠的节约能源使用新能源汽车车型目录》（第四十四批）、《免征车辆购置税的新能源汽车车型目录》（第六十批）	工业和信息化部	2022 年 11 月 9 日	环境税费政策	https://www.miit.gov.cn/zwgk/zcwj/wjfb/gg/art/2022/art_31deed8b536e4f1495402a86fd6fc89a.html
42	关于印发建材行业碳达峰实施方案的通知	工业和信息化部、国家发展改革委、生态环境部、住房和城乡建设部	2022 年 11 月 2 日	行业环境经济政策	https://www.miit.gov.cn/zwgk/zcwj/wjfb/tz/art/2022/art_8f6d55dd58d64283937d7fb87e21b666.html
43	关于组织开展 2022 年度重点用能行业能效“领跑者”企业遴选工作的通知	工业和信息化部办公厅、国家发展改革委办公厅、市场监管总局办公厅	2022 年 10 月 31 日	综合类政策	https://www.miit.gov.cn/zwgk/zcwj/wjfb/tz/art/2022/art_b687c6c698cc4daf95c07151fe60dfaa.html

序号	政策名称	发布部门	发布时间	政策类型	政策来源
44	工业和信息化部办公厅关于下达 2022 年度国家工业节能监察任务的通知	工业和信息化部办公厅	2022 年 10 月 21 日	综合类政策	https://www.miit.gov.cn/zwgk/zcwj/wjfb/tz/art/2022/art_ba3bdcbd506d4daebfc2cc545405cd80.html
45	关于开展 2022 年工业废水循环利用试点工作的通知	工业和信息化部办公厅	2022 年 10 月 13 日	综合类政策	https://www.miit.gov.cn/zwgk/zcwj/wjfb/tz/art/2022/art_a1e7ce98249e4330b92a074d0390ad78.html
46	《道路机动车辆生产企业及产品》（第 362 批）、《新能源汽车推广应用推荐车型目录》(2022 年第 9 批)、《享受车船税减免优惠的节约能源　使用新能源汽车车型目录》（第四十三批）、《免征车辆购置税的新能源汽车车型目录》（第五十九批）	工业和信息化部	2022 年 10 月 10 日	环境税费政策	https://www.miit.gov.cn/zwgk/zcwj/wjfb/gg/art/2022/art_28668595a8cd4f46853f6b5b1562acda.html
47	《道路机动车辆生产企业及产品》（第 361 批）	工业和信息化部	2022 年 9 月 30 日	环境税费政策	https://www.miit.gov.cn/zwgk/zcwj/wjfb/gg/art/2022/art_164da9ff3ddd4641a7ea1a199369e589.html
48	关于延续新能源汽车免征车辆购置税政策的公告	财政部、国家税务总局、工业和信息化部	2022 年 9 月 18 日	环境税费政策	https://www.miit.gov.cn/zwgk/zcwj/wjfb/gg/art/2022/art_63c24498ffe443868bb1cbd4b81e2b81.html

序号	政策名称	发布部门	发布时间	政策类型	政策来源
49	关于印发信息通信行业绿色低碳发展行动计划（2022—2025 年）的通知	工业和信息化部、国家发展改革委、财政部、生态环境部、住房和城乡建设部、国务院国资委、国家能源局	2022 年 8 月 25 日	行业环境经济政策	https://www.miit.gov.cn/zwgk/zcwj/wjfb/tz/art/2022/art_a6e264bf71ed44549904c9e27aeba472.html
50	《道路机动车辆生产企业及产品》（第 359 批）、《新能源汽车推广应用推荐车型目录》（2022 年第 7 批）、《享受车船税减免优惠的节约能源　使用新能源汽车车型目录》（第四十一批）、《免征车辆购置税的新能源汽车车型目录》（第五十七批）	工业和信息化部	2022 年 8 月 10 日	环境税费政策	https://www.miit.gov.cn/zwgk/zcwj/wjfb/gg/art/2022/art_7fffcdabfec94d588b8cee34be04fdf5.html
51	关于印发工业领域碳达峰实施方案的通知	工业和信息化部、国家发展改革委、生态环境部	2022 年 7 月 7 日	综合类政策	https://www.miit.gov.cn/zwgk/zcwj/wjfb/tz/art/2022/art_df5995ad834740f5b29fd31c98534eea.html
52	《道路机动车辆生产企业及产品》（第 358 批）	工业和信息化部	2022 年 7 月 20 日	环境税费政策	https://www.miit.gov.cn/zwgk/zcwj/wjfb/gg/art/2022/art_8d785b73da104140896f72da82ea7ae3.html

序号	政策名称	发布部门	发布时间	政策类型	政策来源
53	道路机动车辆生产企业及产品》（第357批）、《新能源汽车推广应用推荐车型目录》(2022年第6批)、《享受车船税减免优惠的节约能源　使用新能源汽车车型目录》（第四十批）、《免征车辆购置税的新能源汽车车型目录》（第五十六批）	工业和信息化部	2022年7月8日	环境税费政策	https://www.miit.gov.cn/zwgk/zcwj/wjfb/gg/art/2022/art_03777413b5c74438a559cdcb04ada46c.html
54	关于印发工业能效提升行动计划的通知	工业和信息化部、国家发展改革委、财政部、生态环境部、国务院国资委、市场监管总局	2022年6月23日	综合类政策	https://www.miit.gov.cn/zwgk/zcwj/wjfb/tz/art/2022/art_d07d6da4c3c043f89cc3715df96bddf8.html
55	关于印发工业水效提升行动计划的通知	工业和信息化部、水利部、国家发展改革委、财政部、住房和城乡建设部、市场监管总局	2022年6月20日	综合类政策	https://www.miit.gov.cn/zwgk/zcwj/wjfb/tz/art/2022/art_cf9ca7196df7467394e580b84f82d957.html
56	关于组织开展2022年工业节能诊断服务工作的通知	工业和信息化部办公厅	2022年6月17日	综合类政策	https://www.miit.gov.cn/zwgk/zcwj/wjfb/tz/art/2022/art_854f676fabe545bb82f08c82361133fa.html

序号	政策名称	发布部门	发布时间	政策类型	政策来源
57	《道路机动车辆生产企业及产品》（第 356 批）、《新能源汽车推广应用推荐车型目录》（2022 年第 5 批）、《享受车船税减免优惠的节约能源　使用新能源汽车车型目录》（第三十九批）、《免征车辆购置税的新能源汽车车型目录》（第五十五批）	工业和信息化部	2022 年 6 月 1 日	环境税费政策	https://www.miit.gov.cn/zwgk/zcwj/wjfb/gg/art/2022/art_09e4a9e5b795473588a40e7425f29b3d.html
58	《道路机动车辆生产企业及产品》（第 355 批）、《新能源汽车推广应用推荐车型目录》（2022 年第 4 批）、《享受车船税减免优惠的节约能源　使用新能源汽车车型目录》（第三十八批）、《免征车辆购置税的新能源汽车车型目录》（第五十四批）	工业和信息化部	2022 年 5 月 12 日	环境税费政策	https://www.miit.gov.cn/zwgk/zcwj/wjfb/gg/art/2022/art_f0400da20457477ca7b893eeba6ec5a2.html
59	关于组织推荐第四批工业产品绿色设计示范企业的通知	工业和信息化部办公厅	2022 年 4 月 26 日	综合类政策	https://www.miit.gov.cn/zwgk/zcwj/wjfb/tz/art/2022/art_fe458933386c484fac816eba76ceb149.html

序号	政策名称	发布部门	发布时间	政策类型	政策来源
60	《道路机动车辆生产企业及产品》（第354批）、《新能源汽车推广应用推荐车型目录》(2022年第3批)、《享受车船税减免优惠的节约能源 使用新能源汽车车型目录》（第三十七批）、《免征车辆购置税的新能源汽车车型目录》（第五十三批）	工业和信息化部	2022年4月8日	环境税费政策	https://www.miit.gov.cn/zwgk/zcwj/wjfb/gg/art/2022/art_c55b9d0b1ba44a2a86a6db0669ca262a.html
61	关于进一步加强新能源汽车企业安全体系建设的指导意见	工业和信息化部办公厅、公安部办公厅、交通运输部办公厅、应急管理部办公厅、国家市场监督管理总局办公厅	2022年4月11日	行业环境经济政策	https://www.miit.gov.cn/zwgk/zcwj/wjfb/yj/art/2022/art_7393e4d7742d41ce82e5c0e5df991303.html
62	关于“十四五”推动石化化工行业高质量发展的指导意见	工业和信息化部、国家发展改革委、科学技术部、生态环境部、应急管理部、国家能源局	2022年3月28日	行业环境经济政策	https://www.miit.gov.cn/zwgk/zcwj/wjfb/yj/art/2022/art_4ef438217a4548cb98c2d7f4f091d72e.html

序号	政策名称	发布部门	发布时间	政策类型	政策来源
63	关于公布第六批全国工业领域电力需求侧管理示范企业（园区）名单的通知	工业和信息化部办公厅	2022 年 3 月 23 日	综合类政策	https://www.miit.gov.cn/zwgk/zcwj/wjfb/tz/art/2022/art_a9ea2871153b421da0d6cb5486d129da.html
64	《道路机动车辆生产企业及产品》（第 353 批）、《新能源汽车推广应用推荐车型目录》（2022 年第 2 批）、《享受车船税减免优惠的节约能源 使用新能源汽车车型目录》（第三十六批）、《免征车辆购置税的新能源汽车车型目录》（第五十二批）	工业和信息化部	2022 年 3 月 8 日	环境税费政策	https://www.miit.gov.cn/zwgk/zcwj/wjfb/gg/art/2022/art_beb3ebe3fcaf4981a591b1e6720a4f24.html
65	《道路机动车辆生产企业及产品》（第 352 批）、《新能源汽车推广应用推荐车型目录》（2022 年第 1 批）、《享受车船税减免优惠的节约能源 使用新能源汽车车型目录》（第三十五批）、《免征车辆购置税的新能源汽车车型目录》（第五十一批）	工业和信息化部	2022 年 1 月 29 日	环境税费政策	https://www.miit.gov.cn/zwgk/zcwj/wjfb/gg/art/2022/art_fd7d2f39b2ed48f4bb9c146356bbbcca.html
66	关于调整享受车船税优惠的节能新能源汽车产品技术要求的公告	工业和信息化部、财政部、国家税务总局	2022 年 1 月 25 日	环境税费政策	https://www.miit.gov.cn/zwgk/zcwj/wjfb/gg/art/2022/art_2284d2c8ab70489fae122983e9cbd9d9.html

序号	政策名称	发布部门	发布时间	政策类型	政策来源
67	关于印发环保装备制造业高质量发展行动计划（2022—2025 年）的通知	工业和信息化部、科学技术部、生态环境部	2022 年 1 月 13 日	综合类政策	https://www.miit.gov.cn/zwgk/zcwj/wjfb/tz/art/2022/art_2cd4ca586f7147f1bcb5cf045e1ea826.html
68	关于公布 2021 年度绿色制造名单的通知	工业和信息化部办公厅	2022 年 1 月 15 日	综合类政策	https://www.miit.gov.cn/zwgk/zcwj/wjfb/tz/art/2022/art_084adef1ddbf4b9a832a6185c95522a1.html
69	《重点用能产品设备能效先进水平、节能水平和准入水平（2022 年版）》的通知	国家发展改革委、工业和信息化部、财政部、住房和城乡建设部、市场监管总局	2022 年 11 月 10 日	综合类政策	https://www.ndrc.gov.cn/xxgk/zcfb/ghxwj/202211/t20221117_1341455.html？code= & state = 123
70	关于印发气象基础设施中央预算内投资专项管理办法的通知	国家发展改革委	2022 年 3 月 10 日	综合类政策	
71	关于加强县级地区生活垃圾焚烧处理设施建设的指导意见	国家发展改革委、住房和城乡建设部、生态环境部、财政部、中国人民银行	2022 年 11 月 14 日	综合类政策	https://www.ndrc.gov.cn/xxgk/zcfb/tz/202211/t20221128_1342282.html？code=&state=123
72	关于进一步做好新增可再生能源消费不纳入能源消费总量控制有关工作的通知	国家发展改革委、国家统计局、国家能源局	2022 年 8 月 15 日	综合类政策	https://www.ndrc.gov.cn/xxgk/zcfb/tz/202211/t20221116_1341323.html？code=&state=123
73	关于进一步完善政策环境加大力度支持民间投资发展的意见	国家发展改革委	2022 年 10 月 28 日	综合类政策	https://www.ndrc.gov.cn/xxgk/zcfb/tz/202211/t20221107_1340900.html？code=&state=123

序号	政策名称	发布部门	发布时间	政策类型	政策来源
74	关于进一步做好原料用能不纳入能源消费总量控制有关工作的通知	国家发展改革委、国家统计局	2022 年 10 月 27 日	综合类政策	https://www.ndrc.gov.cn/xxgk/zcfb/tz/202211/t20221101_1340642.html？code=&state=123
75	关于印发《污泥无害化处理和资源化利用实施方案》的通知	国家发展改革委、住房和城乡建设部、生态环境部	2022 年 9 月 22 日	综合类政策	https://www.ndrc.gov.cn/xxgk/zcfb/tz/202209/t20220927_1337103.html？code=&state=123
76	关于加快建立统一规范的碳排放统计核算体系实施方案	国家发展改革委、国家统计局、生态环境部	2022 年 4 月 22 日	综合类政策	https://www.ndrc.gov.cn/xxgk/zcfb/tz/202208/t20220819_1333231.html？code=&state=123
77	关于印发废旧物资循环利用体系建设重点城市名单的通知	国家发展改革委办公厅、商务部办公厅、工业和信息化部办公厅、财政部办公厅、自然资源部办公厅、住房和城乡建设部办公厅	2022 年 7 月 19 日	综合类政策	https://www.ndrc.gov.cn/xxgk/zcfb/tz/202208/t20220801_1332498.html？code=&state=123
78	关于开展水电气暖领域涉企违规收费自查自纠工作的通知	国家发展改革委、住房和城乡建设部、国家能源局	2022 年 7 月 16 日	环境价格政策	https://www.ndrc.gov.cn/xxgk/zcfb/tz/202207/t20220726_1331404.html？code=&state=123
79	关于印发《涉企违规收费专项整治行动方案》的通知	国家发展改革委、工业和信息化部、财政部、市场监管总局	2022 年 6 月 23 日	综合类政策	https://www.ndrc.gov.cn/xxgk/zcfb/tz/202206/t20220628_1328983.html？code=&state=123

序号	政策名称	发布部门	发布时间	政策类型	政策来源
80	关于发布《煤炭清洁高效利用重点领域标杆水平和基准水平（2022年版）》的通知	国家发展改革委、工业和信息化部、生态环境部、住房和城乡建设部、市场监管总局、国家能源局	2022年4月9日	综合类政策	https://www.ndrc.gov.cn/xxgk/zcfb/tz/202205/t20220510_1324482.html？code=&state=123
81	关于印发《支持宁夏建设黄河流域生态保护和高质量发展先行区实施方案》的通知	国家发展改革委	2022年4月27日	综合类政策	https://www.ndrc.gov.cn/xxgk/zcfb/tz/202204/t20220428_1323776.html？code=&state=123
82	关于开展抽水蓄能定价成本监审工作的通知	国家发展改革委办公厅	2022年2月22日	环境价格政策	https://www.ndrc.gov.cn/xxgk/zcfb/tz/202203/t20220317_1319436.html？code=&state=123
83	关于做好2022年享受税收优惠政策的集成电路企业或项目、软件企业清单制定工作有关要求的通知	国家发展改革委、工业和信息化部、财政部、海关总署、国家税务总局	2022年3月14日	环境税费政策	https://www.ndrc.gov.cn/xxgk/zcfb/tz/202203/t20220315_1319318.html？code=&state=123
84	关于进一步完善煤炭市场价格形成机制的通知	国家发展改革委	2022年2月24日	环境价格政策	https://www.ndrc.gov.cn/xxgk/zcfb/tz/202202/t20220225_1317003.html？code=&state=123

序号	政策名称	发布部门	发布时间	政策类型	政策来源
85	关于印发促进工业经济平稳增长的若干政策的通知	国家发展改革委、工业和信息化部、财政部、人力资源社会保障部、自然资源部、生态环境部、交通运输部、商务部、人民银行、国家税务总局、银保监会、国家能源局	2022 年 2 月 18 日	综合类政策	https://www.ndrc.gov.cn/xxgk/zcfb/tz/202202/t20220218_1315822.html？code=&state=123
86	关于发布《高耗能行业重点领域节能降碳改造升级实施指南（2022 年版）》的通知	国家发展改革委、工业和信息化部、生态环境部、国家能源局	2022 年 2 月 3 日	综合类政策	https://www.ndrc.gov.cn/xxgk/zcfb/tz/202202/t20220211_1315446.html？code=&state=123
87	关于完善能源绿色低碳转型体制机制和政策措施的意见	国家发展改革委、国家能源局	2022 年 1 月 30 日	综合类政策	https://www.ndrc.gov.cn/xxgk/zcfb/tz/202202/t20220210_1314511.html？code=&state=123
88	关于推动建立太湖流域生态保护补偿机制的指导意见	国家发展改革委、生态环境部、水利部	2022 年 1 月 17 日	综合类政策	https://www.ndrc.gov.cn/xxgk/zcfb/tz/202201/t20220121_1312668.html？code=&state=123
89	关于印发《促进绿色消费实施方案》的通知	国家发展改革委、工业和信息化部、住房和城乡建设部、市场监管总局、国管局、中直管理局	2022 年 1 月 18 日	综合类政策	https://www.ndrc.gov.cn/xxgk/zcfb/tz/202201/t20220121_1312524.html？code=&state=123

序号	政策名称	发布部门	发布时间	政策类型	政策来源
90	《"十四五"大小兴安岭林区生态保护与经济转型行动方案》的通知	国家发展改革委、国家林业和草原局	2022 年 1 月 5 日	综合类政策	https://www.ndrc.gov.cn/xxgk/zcfb/tz/202201/t20220110_1311646.html？code=&state=123
91	关于发布《免征车辆购置税的设有固定装置的非运输专用作业车辆目录》（第六批）的公告	国家税务总局、工业和信息化部	2022 年 9 月 23 日	环境税费政策	http://www.chinatax.gov.cn/chinatax/n371/c5181809/content.html
92	关于延续新能源汽车免征车辆购置税政策的公告	财政部、国家税务总局、工业和信息化部	2022 年 9 月 18 日	环境税费政策	http://www.chinatax.gov.cn/chinatax/n371/c5181733/content.html
93	关于切实落实燃煤发电企业增值税留抵退税政策　做好电力保供工作的通知	财政部、国家税务总局	2022 年 6 月 24 日	环境税费政策	http://www.chinatax.gov.cn/chinatax/n359/c5176712/content.html
94	支持绿色发展税费优惠政策指引	国家税务总局	2022 年 5 月 31 日	环境税费政策	http://www.chinatax.gov.cn/chinatax/n810341/n810825/c101434/c5175740/content.html
95	关于发布《免征车辆购置税的设有固定装置的非运输专用作业车辆目录》（第五批）的公告	国家税务总局、工业和信息化部	2022 年 4 月 21 日	环境税费政策	http://www.chinatax.gov.cn/chinatax/n371/c5174988/content.html
96	关于印发加快推动工业资源综合利用实施方案的通知	工业和信息化部等八部门	2022 年 1 月 27 日	综合类政策	http://www.chinatax.gov.cn/chinatax/n810341/n810825/c101434/c5175250/content.html
97	关于调整享受车船税优惠的节能新能源汽车产品技术要求的公告	工业和信息化部、财政部、国家税务总局	2022 年 1 月 20 日	环境税费政策	http://www.chinatax.gov.cn/chinatax/n370/c5175212/content.html

附件 2 2022 年地方层面出台环境经济政策情况

序号	政策名称	发布部门	发布时间	政策类型
1	关于废止《北京市棚户区改造项目贷款贴息管理办法》的通知	北京市财政局、北京市住房和城乡建设委员会	2022 年 11 月 11 日	环境权益交易政策
2	关于调整 2022 年本市碳排放权交易试点有关时间安排的通告	北京市生态环境局	2022 年 8 月 12 日	环境权益交易政策
3	关于调整 2022 年本市碳排放权交易试点工作安排有关事项的通告	北京市生态环境局	2022 年 5 月 30 日	环境权益交易政策
4	广西全民所有自然资源资产所有权委托代理机制试点实施总体方案	广西壮族自治区人民政府办公厅	2022 年 2 月	环境权益政策
5	广东省深圳市全民所有自然资源资产所有权委托代理机制试点实施方案	广东省深圳市人民政府	2022 年 8 月	环境权益政策
6	关于深化排污权交易改革的实施方案（试行）	河北省人民政府办公厅	2022 年 1 月 13 日	环境权益政策
7	河北省排污权市场交易管理暂行办法	河北省生态环境厅、省发展和改革委员会、省财政厅、省政务服务管理办公室、省人民政府国有资产监督管理委员会、国家税务总局河北省税务局	2022 年 5 月 11 日	环境权益政策
8	河北省排污权政府储备管理暂行办法	河北省生态环境厅、省发展和改革委员会、省财政厅、省政务服务管理办公室、国家税务总局河北省税务局	2022 年 5 月 11 日	环境权益政策
9	河北省主要污染物排污权确权管理暂行办法	河北省生态环境厅	2022 年 5 月 13 日	环境权益政策

序号	政策名称	发布部门	发布时间	政策类型
10	银川市排污权有偿使用和交易改革2022年工作方案	银川市生态环境局	2022年3月18日	环境权益政策
11	湖南省主要污染物排污权有偿使用和交易管理办法	湖南省人民政府办公厅	2022年5月11日	环境权益政策
12	2022年宁夏用水权改革工作要点	宁夏回族自治区用水权改革专项领导小组办公室	2022年4月19日	环境权益政策
13	关于开展用能权交易工作的实施意见	青岛市人民政府	2022年1月10日	环境权益政策
14	青岛市用能权交易实施细则（试行）	青岛市发展和改革委员会、市工业和信息化局、市财政局、市住房和城乡建设局、市城市管理局、市统计局、市行政审批服务局	2022年7月26日	环境权益政策
15	河南省用能权有偿使用和交易试点实施方案	河南省政府办公厅	2022年5月18日	环境权益政策
16	河南省用能权有偿使用和交易确权管理暂行办法	河南省发展和改革委员会	2022年7月10日	环境权益政策
17	河南省用能权有偿使用和交易第三方审核机构管理暂行办法	河南省发展和改革委员会	2022年7月11日	环境权益政策
18	上海市碳普惠机制建设工作方案	上海市生态环境局	2022年2月16日	环境权益政策
19	广东省碳普惠交易管理办法	广东省生态环境厅	2022年4月6日	环境权益政策
20	关于印发《北京市中央水库移民后期扶持资金使用管理实施细则》的通知	北京市财政局、北京市水务局	2022年6月30日	综合性政策
21	本市成品油价格按机制下调	北京市发展和改革委员会	2022年11月21日	环境资源价格政策

序号	政策名称	发布部门	发布时间	政策类型
22	本市成品油价格按机制上调	北京市发展和改革委员会	2022 年 11 月 7 日	环境资源价格政策
23	本市成品油价格按机制上调	北京市发展和改革委员会	2022 年 10 月 24 日	环境资源价格政策
24	关于印发 2022 年度节能和循环经济标准制修订工作安排的通知	北京市发展和改革委员会、北京市市场监督管理局	2022 年 10 月 24 日	综合性政策
25	本市成品油价格按机制下调	北京市发展和改革委员会	2022 年 9 月 1 日	环境资源价格政策
26	本市成品油价格按机制上调	北京市发展和改革委员会	2022 年 9 月 6 日	环境资源价格政策
27	关于发布北京市节能技改工程 2022 年第三批（总第二十六批）节能量奖励资金项目的通知	北京市发展和改革委员会	2022 年 9 月 1 日	绿色财政政策
28	关于发布北京市节能技改工程 2022 年第五批节能量奖励资金项目的通知	北京市发展和改革委员会	2022 年 8 月 29 日	绿色财政政策
29	关于发布北京市节能技改工程 2022 年第四批节能量奖励资金项目的通知	北京市发展和改革委员会	2022 年 8 月 25 日	绿色财政政策
30	本市成品油价格按机制下调	北京市发展和改革委员会	2022 年 8 月 23 日	环境资源价格政策
31	关于印发 2022 年实施清洁生产审核单位名单的通知	北京市发展和改革委员会、北京市生态环境局	2022 年 8 月 22 日	综合性政策
32	关于北京市用能单位节能技改工程 2022 年第五批（总第三十五批）节能量奖励资金项目公示的通知	北京市发展和改革委员会	2022 年 8 月 18 日	绿色财政政策
33	本市成品油价格按机制下调	北京市发展和改革委员会	2022 年 8 月 9 日	环境资源价格政策
34	本市成品油价格按机制下调	北京市发展和改革委员会	2022 年 7 月 26 日	环境资源价格政策

序号	政策名称	发布部门	发布时间	政策类型
35	关于公布2022年北京市重点用能单位名单并做好相关工作的通知	北京市发展和改革委员会、北京市统计局	2022年7月22日	综合性政策
36	关于发布2022年第一批37家通过清洁生产审核评估单位的通知	北京市发展和改革委员会、北京市生态环境局	2022年7月20日	综合性政策
37	关于北京市用能单位节能技改工程2022年第四批（总第三十四批）节能量奖励资金项目公示的通知	北京市发展和改革委员会	2022年7月18日	绿色财政政策
38	本市成品油价格按机制下调	北京市发展和改革委员会	2022年7月12日	环境资源价格政策
39	关于对2022年第一批通过清洁生产审核评估单位进行公示的通知	北京市发展和改革委员会、北京市生态环境局	2022年7月4日	综合性政策
40	本市成品油价格按机制下调	北京市发展和改革委员会	2022年6月28日	环境资源价格政策
41	关于发布北京市节能技改工程2022年第二批（总第三十二批）节能量奖励资金项目的通知	北京市发展和改革委员会	2022年6月23日	绿色财政政策
42	关于2022年可再生能源电力消纳责任权重完成情况的通报	北京市发展和改革委员会	2022年6月22日	综合性政策
43	关于北京市用能单位节能技改工程2022年第三批（总第三十三批）节能量奖励资金项目公示的通知	北京市发展和改革委员会	2022年6月14日	绿色财政政策
44	本市成品油价格按机制上调	北京市发展和改革委员会	2022年6月14日	环境资源价格政策
45	关于发布北京市创新型绿色技术（节能和能效提升领域）推荐目录（2022年版）的通知	北京市发展和改革委员会、北京市科学技术委员会、中关村科技园区管理委员会	2022年6月7日	综合性政策

序号	政策名称	发布部门	发布时间	政策类型
46	本市成品油价格按机制上调	北京市发展和改革委员会	2022 年 5 月 30 日	环境资源价格政策
47	关于北京市用能单位节能技改工程 2022 年第二批（总第三十二批）节能量奖励资金项目公示的通知	北京市发展和改革委员会	2022 年 5 月 26 日	绿色财政政策
48	本市成品油价格按机制上调	北京市发展和改革委员会	2022 年 5 月 16 日	环境资源价格政策
49	关于发布北京市创新型绿色技术（节能和能效提升领域）推荐目录（2022 年版）的通知	北京市发展和改革委员会、北京市科学技术委员会、中关村科技园区管理委员会	2022 年 6 月 7 日	综合性政策
50	本市成品油价格按机制上调	北京市发展和改革委员会	2022 年 4 月 28 日	环境资源价格政策
51	关于发布北京市节能技改工程 2022 年第一批（总第三十一批）节能量奖励资金项目的通知	北京市发展和改革委员会	2022 年 4 月 24 日	绿色财政政策
52	本市成品油价格按机制下调	北京市发展和改革委员会	2022 年 4 月 15 日	环境资源价格政策
53	关于北京市用能单位节能技改工程 2022 年第一批（总第三十一批）节能量奖励资金项目公示的通知	北京市发展和改革委员会	2022 年 4 月 15 日	绿色财政政策
54	本市成品油价格按机制上调	北京市发展和改革委员会	2022 年 3 月 31 日	环境资源价格政策
55	本市成品油价格按机制上调	北京市发展和改革委员会	2022 年 3 月 17 日	环境资源价格政策
56	关于做好 2022 年享受税收优惠政策的集成电路企业或项目、软件企业清单制定工作的通知	北京市发展和改革委员会、北京市经济和信息化局	2022 年 3 月 15 日	综合性政策
57	关于公示北京市分布式光伏发电项目补贴名单（2022 年第一批）的通知	北京市发展和改革委员会	2022 年 2 月 16 日	综合性政策

序号	政策名称	发布部门	发布时间	政策类型
58	本市成品油价格按机制上调	北京市发展和改革委员会	2022 年 3 月 3 日	环境资源价格政策
59	关于征集 2022 年节能和循环经济标准制修订项目的通知	北京市发展和改革委员会	2022 年 2 月 18 日	绿色财政政策
60	本市成品油价格按机制上调	北京市发展和改革委员会	2022 年 2 月 17 日	环境资源价格政策
61	关于公示北京市分布式光伏发电项目补贴名单（2022 年第一批）的通知	北京市发展和改革委员会	2022 年 2 月 16 日	综合性政策
62	本市成品油价格按机制上调	北京市发展和改革委员会	2022 年 1 月 29 日	环境资源价格政策
63	本市成品油价格按机制上调	北京市发展和改革委员会	2022 年 1 月 17 日	环境资源价格政策
64	关于开展本市 2022 年度碳排放配额有偿竞价发放的通告	北京市生态环境局	2022 年 11 月 4 日	综合性政策
65	关于公布 2022 年度本市纳入全国碳市场管理的排放单位名录的通告	北京市生态环境局	2022 年 9 月 30 日	综合性政策
66	关于开展 2022 年第二批重点碳排放单位和一般报告单位抽查工作的通告	北京市生态环境局	2022 年 8 月 26 日	行业环境经济政策
67	关于发布 2022 年北京市社会化环境监测机构能力认定结果的通告	北京市生态环境局	2022 年 8 月 22 日	综合性政策
68	关于调整 2022 年本市碳排放权交易试点有关时间安排的通告	北京市生态环境局	2022 年 8 月 12 日	环境权益交易政策
69	关于发布《实施规划环境影响评价与建设项目环境影响评价联动的产业园区名单（第一批）》的通告	北京市生态环境局	2022 年 8 月 8 日	综合性政策
70	关于征集 2022 年北京市先进低碳技术试点项目的通知	北京市生态环境局	2022 年 7 月 29 日	综合性政策
71	关于开展 2022 年第一批重点碳排放单位和一般报告单位抽查工作的通告	北京市生态环境局	2022 年 7 月 15 日	行业环境经济政策

序号	政策名称	发布部门	发布时间	政策类型
72	关于发布《北京市产业园区规划环境影响评价与建设项目环境影响评价联动试点实施办法》的通告	北京市生态环境局	2022 年 6 月 1 日	综合性政策
73	关于调整 2022 年本市碳排放权交易试点工作安排有关事项的通告	北京市生态环境局	2022 年 4 月 26 日	环境权益交易政策
74	关于北京市低碳出行碳减排项目设计文件的公示	北京市生态环境局	2022 年 4 月 26 日	综合性政策
75	关于做好 2022 年本市纳入全国碳市场管理的企业温室气体排放报告相关工作的通知	北京市生态环境局	2022 年 4 月 15 日	行业环境经济政策
76	关于划定北京市地下水禁止开采区、限制开采区、储备区及重要泉域保护范围的通知	北京市水务局、北京市规划和自然资源委员会	2022 年 11 月 15 日	综合性政策
77	关于印发《北京市临时应急取（排）地下水等备案事项管理办法（试行）》的通知	北京市水务局	2022 年 9 月 9 日	综合性政策
78	关于印发《北京市水资源调度管理实施细则》的通知	北京市水务局	2022 年 8 月 31 日	综合性政策
79	关于印发《北京水务领域轻微违法行为免罚清单》的通知	北京市水务局	2022 年 8 月 1 日	综合性政策
80	印发《关于进一步强化供排水行业监管责任提高公共服务水平的意见》的通知	北京市水务局、北京市人民政府国有资产监督管理委员会	2022 年 6 月 21 日	综合性政策
81	关于印发《北京市水事违法行为举报奖励办法（试行）》的通知	北京市水务局	2022 年 5 月 7 日	绿色财政政策
82	关于印发《关于加强饮用水水源地运行管理的若干暂行规定》的通知	北京市水务局	2022 年 4 月 22 日	综合性政策
83	关于印发《优化调整北京市建设项目水影响评价文件审批管理规定》的通知	北京市水务局	2022 年 4 月 12 日	综合性政策

序号	政策名称	发布部门	发布时间	政策类型
84	关于印发《进一步加强机井管理的暂行规定》的通知	北京市水务局	2022 年 4 月 2 日	综合性政策
85	关于印发《关于加强“十四五”时期全市生产生活用水总量管控的实施意见》的通知	北京市水务局、北京市发展和改革委员会	2022 年 3 月 21 日	综合性政策
86	关于印发《北京市园林绿化工程质量监督实施办法》的通知	北京市园林绿化局	2022 年 11 月 16 日	综合性政策
87	关于科学利用森林资源促进林下经济高质量发展的通知	北京市园林绿化局、北京市农业农村局	2022 年 7 月 18 日	生态补偿政策
88	关于印发《北京市公园分类分级管理办法》的通知	北京市园林绿化局	2022 年 4 月 15 日	综合性政策
89	关于印发《北京市绿地树木许可服务管理办法（试行）》的通知	北京市园林绿化局	2022 年 4 月 15 日	综合性政策
90	关于印发园林绿化行政处罚自由裁量权基准的通知	北京市园林绿化局	2022 年 3 月 29 日	生态补偿政策
91	关于印发天津市建设工程安全事故应急预案和天津市生活垃圾填埋场渗滤液事故应急预案的通知	天津市政府办公厅	2022 年 9 月 23 日	综合性政策
92	关于印发天津市实施城市内涝系统化治理工作方案的通知	天津市政府办公厅	2022 年 7 月 6 日	综合性政策
93	关于印发天津市入河入海排污口排查整治工作方案的通知	天津市政府办公厅	2022 年 6 月 15 日	综合性政策
94	关于印发天津市自然灾害救助应急预案等 5 个专项应急预案的通知	天津市政府办公厅	2022 年 6 月 10 日	综合性政策
95	关于印发天津市除雪工作预案等 5 个专项应急预案的通知	天津市政府办公厅	2022 年 6 月 10 日	综合性政策
96	关于印发天津市防汛抗旱应急预案的通知	天津市政府办公厅	2022 年 5 月 18 日	综合性政策

序号	政策名称	发布部门	发布时间	政策类型
97	关于印发天津市森林火灾应急预案等14 个专项应急预案的通知	天津市政府办公厅	2022 年 2 月 11 日	综合性政策
98	关于印发天津市海洋灾害应急预案等5 个专项应急预案的通知	天津市政府办公厅	2022 年 2 月 11 日	综合性政策
99	关于印发天津市危险化学品事故应急预案的通知	天津市政府办公厅	2022 年 1 月 21 日	综合性政策
100	关于印发天津市海上污染事故应急预案的通知	天津市政府办公厅	2022 年 1 月 21 日	综合性政策
101	关于印发天津市生态环境保护“十四五”规划的通知	天津市政府办公厅	2022 年 1 月 17 日	综合性政策
102	关于下达 2022 年天津市节能专项资金使用计划的通知	天津市发展和改革委员会、天津市财政局	2022 年 11 月 29 日	绿色财政政策
103	关于公开征求《天津市发展和改革委员会节能管理行政处罚裁量基准（试行）（征求意见稿）》意见的公告	天津市发展和改革委员会	2022 年 11 月 25 日	绿色财政政策
104	关于调整我市成品油价格的公告	天津市发展和改革委员会	2022 年 11 月 21 日	环境资源价格政策
105	关于公开征求《天津市石油天然气长输管道保护行政处罚裁量基准（试行）（第二次征求意见稿）》意见的公告	天津市发展和改革委员会	2022 年 11 月 16 日	绿色财政政策
106	关于调整我市成品油价格的公告	天津市发展和改革委员会	2022 年 11 月 7 日	环境资源价格政策
107	绿色技术评审结果公示	天津市发展和改革委员会	2022 年 10 月 25 日	综合性政策
108	关于调整我市成品油价格的公告	天津市发展和改革委员会	2022 年 10 月 24 日	环境资源价格政策
109	关于 2022 年度重点用能单位节能目标责任评价考核结果的通报	天津市发展和改革委员会	2022 年 9 月 14 日	综合性政策

序号	政策名称	发布部门	发布时间	政策类型
110	关于天津市新能源汽车充电设施综合服务平台充电设施运营商接入的通知	天津市发展和改革委员会	2022年9月26日	综合性政策
111	关于调整我市成品油价格的公告	天津市发展和改革委员会	2022年9月21日	环境资源价格政策
112	关于对《关于支持绿色石化产业链高质量发展的若干政策措施（征求意见稿）》公开征求意见的公告	天津市发展和改革委员会	2022年9月19日	综合性政策
113	关于调整我市成品油价格的公告	天津市发展和改革委员会	2022年9月6日	环境资源价格政策
114	关于公开征求《天津市石油天然气长输管道保护行政处罚裁量基准（试行）（征求意见稿）》意见的公告	天津市发展和改革委员会	2022年8月31日	绿色财政政策
115	关于进一步加强重点用能单位节能管理的通知	天津市发展和改革委员会	2022年8月23日	综合性政策
116	关于调整我市成品油价格的公告	天津市发展和改革委员会	2022年8月23日	环境资源价格政策
117	关于2022年度清洁生产工作情况的通报	天津市发展和改革委员会、天津市生态环境局	2022年8月12日	行业环境经济政策
118	关于调整我市成品油价格的公告	天津市发展和改革委员会	2022年8月9日	环境资源价格政策
119	关于2022年重点用能单位能源审计情况的通报	天津市发展和改革委员会	2023年6月20日	综合性政策
120	关于下达2022年重点用能单位能源审计计划的通知	天津市发展和改革委员会	2022年8月5日	综合性政策
121	关于调整我市成品油价格的公告	天津市发展和改革委员会	2022年7月26日	环境资源价格政策
122	关于开展2022年度重点用能单位能源管理体系建设效果评价的通知	天津市发展和改革委员会	2022年7月20日	综合性政策

序号	政策名称	发布部门	发布时间	政策类型
123	关于做好 2022 年度清洁生产审核工作的通知	天津市发展和改革委员会、天津市生态环境局	2022 年 7 月 13 日	行业环境经济政策
124	关于调整我市成品油价格的公告	天津市发展和改革委员会	2022 年 7 月 12 日	环境资源价格政策
125	关于 2022 年度重点用能单位能源管理体系建设效果评价结果的通报	天津市发展和改革委员会	2022 年 12 月 20 日	综合性政策
126	关于调整我市成品油价格的公告	天津市发展和改革委员会	2022 年 6 月 28 日	环境资源价格政策
127	关于调整我市成品油价格的公告	天津市发展和改革委员会	2022 年 6 月 14 日	环境资源价格政策
128	关于公布 2022 年天津市节能专项资金补助备选项目名单的通知	天津市发展和改革委员会	2022 年 6 月 10 日	绿色财政政策
129	关于调整我市成品油价格的公告	天津市发展和改革委员会	2022 年 5 月 30 日	环境资源价格政策
130	关于调整我市成品油价格的公告	天津市发展和改革委员会	2022 年 5 月 16 日	环境资源价格政策
131	关于公开征求《天津市石油天然气长输管道事故应急预案（送审稿）》意见的公告	天津市发展和改革委员会	2022 年 4 月 29 日	综合性政策
132	关于调整我市成品油价格的公告	天津市发展和改革委员会	2022 年 4 月 28 日	环境资源价格政策
133	关于调整我市成品油价格的公告	天津市发展和改革委员会	2022 年 4 月 15 日	环境资源价格政策
134	关于开展 2022 年度产业园区绿色低碳循环发展服务工作的通知	天津市发展和改革委员会	2022 年 4 月 1 日	绿色财政政策
135	关于印发《关于做好用能保障推动绿色发展的十项措施》的通知	天津市发展和改革委员会	2022 年 4 月 1 日	绿色财政政策

序号	政策名称	发布部门	发布时间	政策类型
136	关于调整我市成品油价格的公告	天津市发展和改革委员会	2022年3月31日	环境资源价格政策
137	关于调整我市成品油价格的公告	天津市发展和改革委员会	2022年3月17日	环境资源价格政策
138	关于印发天津市海河流域中下游区域水环境综合治理与可持续发展试点实施方案（2022—2024年）的通知	天津市发展和改革委员会	2022年3月16日	综合性政策
139	关于向社会公开征求《天津市“十四五”节能减排工作实施方案（征求意见稿）》意见的公告	天津市发展和改革委员会	2022年3月11日	绿色财政政策
140	关于调整我市成品油价格的公告	天津市发展和改革委员会	2022年3月3日	环境资源价格政策
141	关于调整我市成品油价格的公告	天津市发展和改革委员会	2022年2月17日	环境资源价格政策
142	关于调整我市成品油价格的公告	天津市发展和改革委员会	2022年1月29日	环境资源价格政策
143	关于调整我市成品油价格的公告	天津市发展和改革委员会	2022年1月17日	环境资源价格政策
144	关于做好燃气价格管理保障燃气管道安全运行有关事项的通知	天津市发展和改革委员会	2022年1月10日	环境资源价格政策
145	关于发布《天津市城市绿化工程施工技术规程》的通知	天津市住建局	2022年5月23日	综合性政策
146	关于发布《天津市居住区绿地设计标准》的通知	天津市住建局	2022年2月15日	综合性政策
147	关于发布《超低能耗居住建筑节能工程施工技术规程》的通知	天津市住建局	2022年1月27日	综合性政策
148	关于进一步实施小微企业“六税两费”减免政策的通知	天津市财政局、国家税务总局、天津市税务局	2022年4月14日	行业环境经济政策

序号	政策名称	发布部门	发布时间	政策类型
149	关于印发天津市土壤污染防治基金设立方案的通知	天津市财政局、天津市生态环境局	2022 年 12 月 28 日	综合性政策
150	关于开展 2022 年度国家级绿色制造名单推荐和市级绿色工厂（园区）名单遴选工作的通知	天津市工业和信息化局	2022 年 9 月 23 日	行业环境经济政策
151	关于天津市软件企业享受所得税优惠政策有关事项的通知	天津市工业和信息化局	2022 年 7 月 8 日	综合性政策
152	关于下达 2022 年度天津市小微企业融资担保业务降费奖补资金计划的通知	天津市工业和信息化局、天津市财政局	2022 年 7 月 8 日	综合性政策
153	2022 年度天津市小微企业融资担保业务降费奖补资金公示	天津市工业和信息化局	2022 年 6 月 27 日	综合性政策
154	关于开展 2021 年度重点新材料首批次应用保险补偿机制试点工作的通知	天津市工业和信息化局	2022 年 2 月 9 日	综合性政策
155	关于印发天津市生态环境保护“十四五”规划的通知	天津市政府办公厅	2022 年 1 月 17 日	综合性政策
156	关于承德市隆化县集中式饮用水水源保护区调整的批复	河北省人民政府	2022 年 8 月 22 日	综合性政策
157	关于取消滹沱河地下水水源保护区的批复	河北省人民政府	2022 年 8 月 11 日	综合性政策
158	关于下达 2022 年营造林任务的通知	河北省人民政府办公厅	2022 年 2 月 22 日	综合性政策
159	关于印发河北省突发环境事件应急预案的通知	河北省人民政府办公厅	2022 年 1 月 27 日	综合性政策
160	关于做好城镇供水定价成本监审办法贯彻实施工作的通知	河北省发展和改革委员会、河北省住房和城乡建设厅	2022 年 10 月 19 日	综合性政策
161	关于印发《河北省城镇供水价格管理实施细则》的通知	河北省发展和改革委员会、河北省住房和城乡建设厅	2022 年 8 月 12 日	综合性政策

序号	政策名称	发布部门	发布时间	政策类型
162	关于印发《河北省 2022 年采暖季洁净煤取暖工作实施方案》的通知	河北省发展和改革委员会、河北省农业农村厅、河北省财政厅、河北省生态环境厅、河北省市场监督管理局	2022 年 8 月 9 日	综合性政策
163	关于进一步明确转供电环节价格政策的通知	河北省发展和改革委	2022 年 6 月 30 日	环境资源价格政策
164	关于下达河北省重点区域生态保护和修复专项 2022 年中央预算内投资计划的通知	河北省发展和改革委员会、河北省林业和草原局、河北省水利厅	2022 年 5 月 20 日	综合性政策
165	关于下达河北省生态保护和修复支撑体系专项 2022 年中央预算内投资计划的通知	河北省发展和改革委员会、河北省林业和草原局	2022 年 5 月 5 日	综合性政策
166	关于下达河北省水安全保障工程专项 2022 年第一批中央预算内投资计划的通知	河北省发展和改革委员会、河北省水利厅	2022 年 4 月 27 日	综合性政策
167	关于进一步完善煤炭市场价格形成机制的实施意见	河北省发展和改革委	2022 年 4 月 25 日	环境资源价格政策
168	关于进一步做好 2022 年省级节能与循环经济专项资金支持项目管理工作的通知	河北省发展和改革委	2022 年 4 月 12 日	综合性政策
169	河北省发展和改革委员会等四部门印发《河北省重点领域严格能效约束推进节能降碳实施方案》的通知	河北省发展和改革委员会、河北省工业和信息化厅、河北省生态环境厅、河北省市场监督管理局	2022 年 3 月 31 日	综合性政策
170	关于转发国家做好 2022 年享受税收优惠政策的集成电路企业或项目、软件企业清单制定工作有关要求的通知	河北省发展和改革委员会、河北省工业和信息化厅、河北省财政厅、国家税务总局、河北省税务局、石家庄海关	2022 年 3 月 23 日	行业环境经济政策

序号	政策名称	发布部门	发布时间	政策类型
171	关于印发《河北省促进绿色消费实施方案》的通知	河北省发展和改革委员会、河北省工业和信息化厅、河北省住房和城乡建设厅、河北省商务厅、河北省市场监督管理局、河北省机关事务管理局	2022 年 3 月 4 日	绿色财政政策
172	关于转发国家发展改革委　国家能源局《关于完善能源绿色低碳转型体制机制和政策措施的意见》的通知	河北省发展和改革委	2022 年 2 月 22 日	绿色财政政策
173	关于印发《河北省滏阳河流域水环境综合治理与可持续发展试点实施方案》的通知	河北省发展和改革委	2022 年 2 月 15 日	综合性政策
174	关于印发《河北省引黄水费补助资金使用管理实施细则》的通知	河北省财政厅、河北省水利厅	2022 年 5 月 20 日	综合性政策
175	关于印发《河北省资源枯竭城市转移支付办法》的通知	河北省财政厅	2022 年 6 月 24 日	综合性政策
176	关于印发《河北省民族地区转移支付办法》的通知	河北省财政厅	2022 年 5 月 16 日	综合性政策
177	关于印发《河北省重点生态功能区转移支付办法》的通知	河北省财政厅	2022 年 5 月 16 日	综合性政策
178	关于印发《河北省〈重点生态保护修复治理资金管理办法〉实施细则》的通知	河北省财政厅	2022 年 4 月 22 日	综合性政策
179	关于加强财政衔接推进乡村振兴补助资金使用管理的实施意见	河北省财政厅、河北省扶贫开发办公室、河北省发展和改革委员会、河北省民族事务委员会、河北省农业农村厅、河北省林业和草原局	2022 年 4 月 6 日	综合性政策

序号	政策名称	发布部门	发布时间	政策类型
180	关于有序做好绿色金融支持绿色建筑发展工作的通知	河北省住房和城乡建设厅	2022年6月1日	绿色财政政策
181	关于印发《河北省2022年建筑施工扬尘污染防治工作方案》的通知	河北省住房和城乡建设厅	2022年4月1日	综合性政策
182	关于印发《河北省建筑垃圾资源化利用技术导则（2022年版）》的通知	河北省住房和城乡建设厅	2022年3月29日	综合性政策
183	关于做好节后建筑工地开（复）工扬尘污染防治工作的通知	河北省住房和城乡建设厅	2022年2月28日	综合性政策
184	关于印发《河北省主要污染物排污权确权管理暂行办法》的通知	河北省生态环境厅	2022年5月16日	综合性政策
185	关于印发《河北省排污权市场交易管理暂行办法》的通知	河北省生态环境厅、河北省发展和改革委员会、河北省财政厅、河北省政务服务管理办公室、河北省人民政府国有资产监督管理委员会	2022年5月11日	综合性政策
186	关于印发《河北省排污权政府储备管理暂行办法》的通知	河北省生态环境厅、河北省发展和改革委员会、河北省财政厅、河北省政务服务管理办公室、国家税务总局、河北省税务局	2022年5月11日	综合性政策
187	河北省固体废物污染环境防治条例	河北省生态环境厅	2022年10月18日	综合性政策
188	河北省港口污染防治条例	河北省人大	2022年8月4日	综合性政策
189	固定污染源挥发性有机物核查与监测技术指南	河北省生态环境厅	2022年7月1日	综合性政策
190	关于促进农作物秸秆综合利用和禁止露天焚烧的决定	河北省人大	2022年3月1日	综合性政策

序号	政策名称	发布部门	发布时间	政策类型
191	河北省国土保护和治理条例	河北省人大	2022 年 3 月 1 日	综合性政策
192	河北省非煤矿山综合治理条例	河北省人大	2022 年 3 月 1 日	综合性政策
193	河北省湿地保护条例	河北省人大	2022 年 3 月 1 日	综合性政策
194	河北省地下水管理条例	河北省人大	2022 年 3 月 1 日	综合性政策
195	河北省河湖保护和治理条例	河北省人大	2022 年 3 月 1 日	综合性政策
196	河北省城乡生活垃圾分类管理条例	河北省人大	2022 年 3 月 1 日	综合性政策
197	河北省固体废物污染环境防治条例	河北省人大	2022 年 3 月 1 日	综合性政策
198	关于印发辽宁省“十四五”节能减排综合工作方案的通知	辽宁省人民政府	2022 年 6 月 25 日	绿色财政政策
199	关于做好第三次全国土壤普查的通知	辽宁省人民政府	2022 年 5 月 18 日	综合性政策
200	辽宁省加快推进清洁能源强省建设实施方案	辽宁省人民政府办公厅	2022 年 9 月 30 日	综合性政策
201	辽宁省“十四五”能源发展规划	辽宁省人民政府办公厅	2022 年 7 月 5 日	综合性政策
202	辽宁省“十四五”生态环境保护规划	辽宁省人民政府办公厅	2022 年 1 月 20 日	综合性政策
203	辽宁省“十四五”水安全保障规划	辽宁省人民政府办公厅	2022 年 1 月 6 日	综合性政策
204	辽宁省“十四五”生态经济发展规划	辽宁省人民政府办公厅	2022 年 1 月 3 日	综合性政策

序号	政策名称	发布部门	发布时间	政策类型
205	辽宁省成品油价格调整公告	辽宁省发展和改革委员会	2022年11月22日	环境资源价格政策
206	辽宁省成品油价格调整公告	辽宁省发展和改革委员会	2022年11月8日	环境资源价格政策
207	辽宁省成品油价格调整公告	辽宁省发展和改革委员会	2022年10月25日	环境资源价格政策
208	辽宁省成品油价格调整公告	辽宁省发展和改革委员会	2022年9月22日	环境资源价格政策
209	辽宁省成品油价格调整公告	辽宁省发展和改革委员会	2022年9月7日	环境资源价格政策
210	辽宁省成品油价格调整公告	辽宁省发展和改革委员会	2022年8月24日	环境资源价格政策
211	辽宁省成品油价格调整公告	辽宁省发展和改革委员会	2022年8月15日	环境资源价格政策
212	辽宁省成品油价格调整公告	辽宁省发展和改革委员会	2022年7月27日	环境资源价格政策
213	辽宁省成品油价格调整公告	辽宁省发展和改革委员会	2022年7月21日	环境资源价格政策
214	辽宁省成品油价格调整公告	辽宁省发展和改革委员会	2022年6月29日	环境资源价格政策
215	辽宁省成品油价格调整公告	辽宁省发展和改革委员会	2022年6月24日	环境资源价格政策
216	辽宁省成品油价格调整公告	辽宁省发展和改革委员会	2022年6月2日	环境资源价格政策
217	辽宁省成品油价格调整公告	辽宁省发展和改革委员会	2022年5月18日	环境资源价格政策
218	辽宁省成品油价格调整公告	辽宁省发展和改革委员会	2022年5月5日	环境资源价格政策

序号	政策名称	发布部门	发布时间	政策类型
219	辽宁省成品油价格调整公告	辽宁省发展和改革委员会	2022 年 4 月 20 日	环境资源价格政策
220	辽宁省成品油价格调整公告	辽宁省发展和改革委员会	2022 年 4 月 1 日	环境资源价格政策
221	关于印发 2022 年生态环境保护工作措施的通知	辽宁省发展和改革委员会	2022 年 3 月 30 日	综合性政策
222	辽宁省成品油价格调整公告	辽宁省发展和改革委员会	2022 年 3 月 18 日	环境资源价格政策
223	辽宁省成品油价格调整公告	辽宁省发展和改革委员会	2022 年 3 月 4 日	环境资源价格政策
224	辽宁省成品油价格调整公告	辽宁省发展和改革委员会	2022 年 2 月 18 日	环境资源价格政策
225	辽宁省成品油价格调整公告	辽宁省发展和改革委员会	2022 年 1 月 30 日	环境资源价格政策
226	辽宁省成品油价格调整公告	辽宁省发展和改革委员会	2022 年 1 月 20 日	环境资源价格政策
227	辽宁省成品油价格调整公告	辽宁省发展和改革委员会	2022 年 1 月 4 日	环境资源价格政策
228	辽宁省“十四五”生态环境保护规划	辽宁省政府办公厅	2022 年 1 月 20 日	综合性政策
229	辽宁省生态环境违法行为举报奖励办法	辽宁省生态环境厅、辽宁省财政厅	2022 年 6 月 28 日	综合性政策
230	关于印发《上海市碳达峰实施方案》的通知	上海市人民政府	2022 年 7 月 28 日	综合性政策
231	关于印发《上海市能源发展“十四五”规划》的通知	上海市人民政府	2022 年 5 月 9 日	综合性政策
232	关于印发《上海市资源节约和循环经济发展“十四五”规划》的通知	上海市人民政府办公厅	2022 年 5 月 9 日	综合性政策

序号	政策名称	发布部门	发布时间	政策类型
233	关于印发《进一步支持长三角生态绿色一体化发展示范区高质量发展的若干政策措施》的通知	上海市人民政府、江苏省人民政府、浙江省人民政府	2022 年 9 月 15 日	绿色财政政策
234	关于印发《上海市强化危险废物监管和利用处置能力改革实施方案》的通知	上海市人民政府办公厅	2022 年 7 月 20 日	综合性政策
235	上海市产业结构调整专项补助办法	上海市经济信息化委、上海市发展和改革委员会、上海市财政局	2022 年 5 月 5 日	综合性政策
236	关于外省市国五及以上排放标准小型非营运二手车转入办理的通告	上海市商务委、上海市公安局、上海市生态环境局、上海市交通委	2022 年 7 月 29 日	综合性政策
237	关于印发《中国（上海）自由贸易试验区临港新片区国际航行船舶保税液化天然气加注试点管理办法（试行）》的通知	上海市商务委、上海市发展和改革委员会、中国（上海）自由贸易试验区临港新片区管委会、上海市生态环境局、上海市交通委、上海市应急局、上海市市场监督局、上海市消防救援总队、上海海关、上海海事局、上海出入境边防检查总站	2022 年 2 月 1 日	综合性政策
238	关于发布《上海市进一步鼓励国三柴油车提前报废补贴实施办法》的通知	上海市生态环境局、上海市发展和改革委员会、上海市交通委、市商务委、上海市公安局、上海市财政局、上海市机管局	2022 年 8 月 31 日	综合性政策
239	关于印发《上海市排污许可管理实施细则》的通知	上海市生态环境局	2022 年 2 月 10 日	综合性政策

序号	政策名称	发布部门	发布时间	政策类型
240	上海市燃气行政处罚裁量基准（2022年版）	上海市住房和城乡建设管理委	2022 年 9 月 20 日	绿色财政政策
241	《上海市建设工程行政处罚裁量基准（2022 年版）》	上海市住房和城乡建设管理委	2022 年 2 月 23 日	绿色财政政策
242	关于印发《上海市可再生能源和新能源发展专项资金扶持办法》的通知	上海市发展和改革委员会、上海市财政局	2022 年 11 月 24 日	环境资源价格政策
243	关于车用汽、柴油价格的通知	上海市发展和改革委员会	2022 年 11 月 21 日	环境资源价格政策
244	关于我市开展气电价格联动调整有关事项的通知	上海市发展和改革委员会	2022 年 11 月 18 日	环境资源价格政策
245	关于调整本市非居民天然气销售基准价格的通知	上海市发展和改革委员会	2022 年 11 月 16 日	环境资源价格政策
246	关于调整民用瓶装液化石油气最高零售价格的通知	上海市发展和改革委员会	2022 年 12 月 9 日	环境资源价格政策
247	关于车用汽、柴油价格的通知	上海市发展和改革委员会	2022 年 11 月 7 日	环境资源价格政策
248	关于下达本市 2022 年节能减排专项资金安排计划（第四批）的通知	上海市发展和改革委员会	2022 年 11 月 3 日	绿色财政政策
249	关于印发《上海市“十四五”节能减排综合工作实施方案》的通知	上海市人民政府	2022 年 10 月 31 日	绿色财政政策
250	关于调整本市馈水价格的复函	上海市发展和改革委员会	2022 年 10 月 27 日	环境资源价格政策
251	关于本市回灌井用水价格的复函	上海市发展和改革委员会	2022 年 10 月 27 日	环境资源价格政策
252	关于车用汽、柴油价格的通知	上海市发展和改革委员会	2022 年 10 月 24 日	环境资源价格政策
253	关于调整民用瓶装液化石油气最高零售价格的通知	上海市发展和改革委员会	2022 年 10 月 10 日	环境资源价格政策

序号	政策名称	发布部门	发布时间	政策类型
254	关于完善上海市农业水价管理的通知	上海市发展和改革委员会、上海市水务局、上海市财政局、上海市农业农村委员会	2022 年 9 月 30 日	环境资源价格政策
255	关于公布 2022 年第二批可再生能源和新能源发展专项资金奖励目录的通知	上海市发展和改革委员会	2022 年 9 月 28 日	绿色财政政策
256	关于车用汽、柴油价格的通知	上海市发展和改革委员会	2022 年 9 月 21 日	环境资源价格政策
257	关于本市非居民天然气用户上下游价格联动机制的通知	上海市发展和改革委员会	2022 年 9 月 20 日	环境资源价格政策
258	关于印发《上海市“十四五”绿道建设项目专项扶持办法》的通知	上海市发展和改革委员会、上海市绿化和市容管理局	2022 年 9 月 16 日	绿色财政政策
259	关于印发《上海市环城生态公园带外环绿带功能提升项目及外环绿道贯通项目专项扶持办法》的通知	上海市发展和改革委员会、上海市绿化和市容管理局	2022 年 9 月 16 日	绿色财政政策
260	关于下达本市 2022 年节能减排专项资金安排计划（第三批）的通知	上海市发展和改革委员会	2022 年 9 月 16 日	绿色财政政策
261	关于调整民用瓶装液化石油气最高零售价格的通知	上海市发展和改革委员会	2022 年 9 月 8 日	环境资源价格政策
262	关于车用汽、柴油价格的通知	上海市发展和改革委员会	2022 年 9 月 6 日	环境资源价格政策
263	关于印发《关于支持中国（上海）自由贸易试验区临港新片区氢能产业高质量发展的若干政策》的通知	上海市发展和改革委员会、上海市经信委、上海科技委、上海市规划和自然资源局、上海市住房和城乡建设委、上海市交通委、上海市应急局、上海市市场监管局、中国（上海）自然贸易试验区临港新片区管委会	2022 年 8 月 26 日	环境资源价格政策

序号	政策名称	发布部门	发布时间	政策类型
264	关于车用汽、柴油价格的通知	上海市发展和改革委员会	2022 年 8 月 23 日	环境资源价格政策
265	关于印发《上海市能源电力领域碳达峰实施方案》的通知	上海市发展和改革委员会	2022 年 8 月 11 日	综合性政策
266	关于车用汽、柴油价格的通知	上海市发展和改革委员会	2022 年 8 月 9 日	环境资源价格政策
267	关于调整民用瓶装液化石油气最高零售价格的通知	上海市发展和改革委员会	2022 年 8 月 9 日	环境资源价格政策
268	关于车用汽、柴油价格的通知	上海市发展和改革委员会	2022 年 7 月 26 日	环境资源价格政策
269	关于组织开展上海市重点单位 2021 年度报送能源利用状况报告和温室气体排放报告以及能耗强度和总量双控目标评价考核等相关工作的通知	上海市发展和改革委员会	2022 年 7 月 15 日	综合性政策
270	关于车用汽、柴油价格的通知	上海市发展和改革委员会	2022 年 7 月 12 日	环境资源价格政策
271	关于调整民用瓶装液化石油气最高零售价格的通知	上海市发展和改革委员会	2022 年 7 月 8 日	环境资源价格政策
272	关于车用汽、柴油价格的通知	上海市发展和改革委员会	2022 年 6 月 28 日	环境资源价格政策
273	关于印发《关于严格能效约束推动我市重点领域节能降碳的实施方案》的通知	上海市发展和改革委员会、上海市经信委、上海市生态环境局、上海市市场监管局	2022 年 6 月 28 日	综合性政策
274	关于下达本市 2022 年节能减排专项资金安排计划（第二批）的通知	上海市发展和改革委员会	2022 年 6 月 28 日	绿色财政政策
275	关于印发上海市 2022 年碳达峰碳中和及节能减排重点工作安排的通知	上海市发展和改革委员会	2022 年 6 月 15 日	绿色财政政策
276	关于车用汽、柴油价格的通知	上海市发展和改革委员会	2022 年 6 月 14 日	环境资源价格政策

序号	政策名称	发布部门	发布时间	政策类型
277	关于调整民用瓶装液化石油气最高零售价格的通知	上海市发展和改革委员会	2022 年 6 月 9 日	环境资源价格政策
278	关于降低洋山港进口液化天然气气化管输费的通知	上海市发展和改革委员会	2022 年 6 月 7 日	环境资源价格政策
279	关于做好本市单位生活垃圾处理费阶段性免收工作的通知	上海市发展和改革委员会、上海市绿化和市容管理局	2022 年 6 月 7 日	综合性政策
280	关于车用汽、柴油价格的通知	上海市发展和改革委员会	2022 年 5 月 30 日	环境资源价格政策
281	关于车用汽、柴油价格的通知	上海市发展和改革委员会	2022 年 5 月 16 日	环境资源价格政策
282	关于调整民用瓶装液化石油气最高零售价格的通知	上海市发展和改革委员会	2022 年 5 月 9 日	环境资源价格政策
283	关于车用汽、柴油价格的通知	上海市发展和改革委员会	2022 年 4 月 28 日	环境资源价格政策
284	关于车用汽、柴油价格的通知	上海市发展和改革委员会	2022 年 4 月 15 日	环境资源价格政策
285	关于调整民用瓶装液化石油气最高零售价格的通知	上海市发展和改革委员会	2022 年 4 月 9 日	环境资源价格政策
286	关于车用汽、柴油价格的通知	上海市发展和改革委员会	2022 年 3 月 31 日	环境资源价格政策
287	关于本市非居民用户天然气销售价格的通知	上海市发展和改革委员会	2022 年 3 月 29 日	环境资源价格政策
288	关于下达本市 2022 年节能减排专项资金安排计划（第一批）的通知	上海市发展和改革委员会	2022 年 3 月 25 日	绿色财政政策
289	关于车用汽、柴油价格的通知	上海市发展和改革委员会	2022 年 3 月 17 日	环境资源价格政策
290	关于调整民用瓶装液化石油气最高零售价格的通知	上海市发展和改革委员会	2022 年 3 月 9 日	环境资源价格政策

序号	政策名称	发布部门	发布时间	政策类型
291	关于车用汽、柴油价格的通知	上海市发展和改革委员会	2022 年 3 月 3 日	环境资源价格政策
292	关于车用汽、柴油价格的通知	上海市发展和改革委员会	2022 年 2 月 17 日	环境资源价格政策
293	关于印发《上海市推进污水资源化利用实施方案》的通知	上海市发展和改革委员会、上海市水务局、上海市科技委、上海市经信委、上海市财政局、上海市规划和自然资源局、上海市生态环境局、上海市住房和城乡建设委、上海市农业农村委、上海市市场监督管理局	2022 年 2 月 10 日	环境资源价格政策
294	关于调整民用瓶装液化石油气最高零售价格的通知	上海市发展和改革委员会	2022 年 2 月 9 日	环境资源价格政策
295	关于车用汽、柴油价格的通知	上海市发展和改革委员会	2022 年 1 月 29 日	环境资源价格政策
296	关于车用汽、柴油价格的通知	上海市发展和改革委员会	2022 年 1 月 17 日	环境资源价格政策
297	关于调整民用瓶装液化石油气最高零售价格的通知	上海市发展和改革委员会	2022 年 1 月 7 日	环境资源价格政策
298	关于印发《上海市企事业单位生态环境信用修复管理规定（试行）》的通知	上海市生态环境局	2022 年 8 月 8 日	综合性政策
299	关于印发《上海市企事业单位生态环境信用评价管理办法（试行）》的通知	上海市生态环境局	2022 年 8 月 8 日	综合性政策
300	关于印发《上海市建设用地土壤污染风险管控和修复相关活动弄虚作假行为调查处理办法（试行）》的通知	上海市生态环境局	2022 年 8 月 1 日	综合性政策

序号	政策名称	发布部门	发布时间	政策类型
301	关于同意苏州市工业园区阳澄湖饮用水水源地保护区划分调整方案的批复	江苏省人民政府	2022年5月9日	综合性政策
302	关于印发江苏省港口危化品事故应急预案和江苏省处置城市轨道交通运营突发事件应急预案的通知	江苏省人民政府	2022年3月17日	综合性政策
303	关于实施与减污降碳成效挂钩财政政策的通知	江苏省人民政府	2022年2月25日	综合性政策
304	关于同意涟水县古淮河涟水湖应急饮用水水源地保护区划分方案的批复	江苏省人民政府	2022年2月21日	综合性政策
305	关于加快建立健全绿色低碳循环发展经济体系的实施意见	江苏省人民政府	2022年1月24日	绿色财政政策
306	关于印发《江苏省深入打好净土保卫战实施方案》的通知	江苏省政府办公厅	2022年11月13日	综合性政策
307	关于积极探索化肥农药实名制购买定额制使用持续推进化肥农药减量增效的指导意见	江苏省政府办公厅	2022年10月26日	综合性政策
308	关于同意宿迁市中运河月堤应急饮用水水源地保护区划分方案的批复	江苏省政府办公厅	2022年4月29日	综合性政策
309	省政府办公厅转发省市场监管局等部门关于深入推进绿色认证促进绿色低碳循环发展意见的通知	江苏省政府办公厅	2022年4月26日	绿色财政政策
310	关于印发江苏省强化危险废物监管和利用处置能力改革实施方案的通知	江苏省政府办公厅	2022年1月28日	综合性政策
311	关于印发江苏省全域“无废城市”建设工作方案的通知	江苏省政府办公厅	2022年1月9日	综合性政策
312	关于提前下达太湖流域水源涵养区历史遗留废弃矿山生态修复示范工程项目2023年中央财政补助资金的通知	江苏省财政厅、江苏省自然资源厅	2022年12月2日	综合性政策
313	关于下达太湖流域水源涵养区历史遗留废弃矿山生态修复示范工程项目2022年中央财政补助资金的通知	江苏省财政厅、江苏省自然资源厅	2022年11月21日	综合性政策

序号	政策名称	发布部门	发布时间	政策类型
314	关于下达 2022 年中央水利发展资金绩效目标的通知	江苏省财政厅、江苏省水利厅	2022 年 11 月 17 日	综合性政策
315	关于调整 2022 年水利发展资金绩效目标的报告	江苏省财政厅、江苏省水利厅	2022 年 11 月 16 日	综合性政策
316	关于开展 2021 年度省级水文设施维修养护政策执行情况核查的通知	江苏省财政厅、江苏省水利厅	2022 年 11 月 16 日	综合性政策
317	关于调整 2022 年中央对地方成品油税费改革转移支付资金的通知	江苏省财政厅	2022 年 7 月 5 日	环境资源价格政策
318	关于下达 2022 年江苏省耕地保护激励资金的通知	江苏省财政厅、江苏省自然资源厅	2022 年 10 月 31 日	综合性政策
319	关于下达 2022 年国土空间全域综合整治项目省级补助资金的通知	江苏省财政厅、江苏省自然资源厅	2022 年 10 月 18 日	综合性政策
320	关于下达 2022 年度省生态环境保护专项资金（第二批市县切块部分）的通知	江苏省财政厅、江苏省自然资源厅	2022 年 10 月 18 日	综合性政策
321	关于下达 2022 年江苏省太湖流域水环境综合治理重点工程补助资金（第二批）的通知	江苏省财政厅、江苏省自然资源厅	2022 年 10 月 18 日	综合性政策
322	关于下达 2022 年江苏省“绿岛”项目奖补资金（第二批）的通知	江苏省财政厅、江苏省自然资源厅	2022 年 10 月 18 日	综合性政策
323	关于下达 2022 年度全省农村生活污水治理奖补资金的通知	江苏省财政厅、江苏省自然资源厅	2022 年 10 月 18 日	综合性政策
324	关于下达 2022 年省生态环境保护专项资金（第三批省本级能力建设）的通知	江苏省财政厅	2022 年 10 月 18 日	综合性政策
325	关于下达 2022 年太湖流域水环境综合治理专项资金（第三批）的通知	江苏省财政厅	2022 年 10 月 18 日	综合性政策
326	关于收缴和下达 2021 年度水环境区域补偿、受偿资金及水质达标提优奖励资金的通知	江苏省财政厅、江苏省生态环境厅	2022 年 10 月 18 日	综合性政策

序号	政策名称	发布部门	发布时间	政策类型
327	关于下达2022年中央大气污染防治资金的通知	江苏省财政厅、江苏省生态环境厅	2022年4月11日	综合性政策
328	关于下达2022年第二批江苏省林业发展专项资金的通知	江苏省财政厅、江苏林业局	2022年10月18日	综合性政策
329	关于下达2022年度省级生态环境科研项目经费的通知	江苏省财政厅	2022年10月18日	综合性政策
330	关于下达2022年中央水污染防治资金（第二批）的通知	江苏省财政厅、江苏省生态环境厅	2022年10月14日	综合性政策
331	关于下达2022年江苏省浒苔绿潮前置打捞补助资金的通知	江苏省财政厅、江苏省自然资源厅	2022年10月14日	综合性政策
332	关于下达2022年第二批省级水利发展资金的通知	江苏省财政厅	2022年10月8日	综合性政策
333	关于下达2022年中央农业生产和水利救灾资金预算（第八批）的通知	江苏省财政厅	2022年9月9日	综合性政策
334	关于下达2022年省级防汛抗旱专项资金（第二次翻水费）的通知	江苏省财政厅	2022年9月8日	综合性政策
335	关于下达省海域执法监督中心2022年海洋执法资金的通知	江苏省财政厅	2022年9月7日	综合性政策
336	关于下达省林业科技创新与推广专项资金的通知	江苏省财政厅、江苏省林业局	2022年9月7日	综合性政策
337	关于印发2022年中央农业生产发展等专项省级实施方案的通知	江苏省财政厅、江苏省农业农村厅	2022年9月2日	综合性政策
338	关于下达2022年度资源枯竭城市转移支付资金的通知	江苏省财政厅	2022年8月18日	综合性政策
339	关于下达江苏南水北调东线湖网地区山水林田湖草沙一体化保护和修复工程2022年中央财政和省财政补助资金的通知	江苏省财政厅、江苏省自然资源厅、江苏省生态环境厅	2022年8月8日	综合性政策

序号	政策名称	发布部门	发布时间	政策类型
340	关于下达 2022 年第二批省级特色田园乡村财政奖补资金的通知	江苏省财政厅	2022 年 7 月 25 日	综合性政策
341	关于下达 2022 年中央财政衔接推进乡村振兴补助资金（激励资金）的通知	江苏省财政厅、江苏省农业农村厅、江苏省乡村振兴局	2022 年 7 月 21 日	综合性政策
342	关于下达 2022 年江苏省“美丽海湾”生态环境保护项目补助资金的通知	江苏省财政厅、江苏省生态环境厅	2022 年 7 月 7 日	综合性政策
343	关于下达 2022 年度生态环保领域真抓实干奖励资金预算指标的通知	江苏省财政厅	2022 年 7 月 24 日	综合性政策
344	关于下达 2022 年江苏省生态安全缓冲区示范项目奖补资金的通知	江苏省财政厅、江苏省生态环境厅	2022 年 7 月 7 日	综合性政策
345	关于下达 2022 年江苏省太湖流域水环境综合治理重点工程补助资金（第一批）的通知	江苏省财政厅、江苏省生态环境厅	2022 年 7 月 7 日	综合性政策
346	关于下达 2022 年江苏省“绿岛”项目奖补资金的通知	江苏省财政厅、江苏省生态环境厅	2022 年 7 月 7 日	综合性政策
347	关于下达 2022 年度省生态环境保护专项资金（市县切块部分）的通知	江苏省财政厅、江苏省生态环境厅	2022 年 7 月 7 日	综合性政策
348	关于下达 2022 年江苏省长江流域生态保护和修复工程项目补助资金的通知	江苏省财政厅、江苏省生态环境厅	2022 年 7 月 7 日	综合性政策
349	关于下达 2022 年江苏省农业面源污染治理试点项目奖补资金的通知	江苏省财政厅、江苏省生态环境厅	2022 年 7 月 7 日	综合性政策
350	关于下达 2022 年省生态环境保护专项资金（第二批省本级能力建设）的通知	江苏省财政厅	2022 年 7 月 7 日	综合性政策
351	关于下达 2022 年太湖流域水环境综合治理专项资金（第二批）的通知	江苏省财政厅	2022 年 7 月 7 日	综合性政策
352	关于下达省级土地综合整治项目间接费用的通知	江苏省财政厅	2022 年 6 月 21 日	综合性政策

序号	政策名称	发布部门	发布时间	政策类型
353	关于下达2017年省以上投资土地整治项目尾款的通知	江苏省财政厅、江苏省自然资源厅	2022年6月24日	综合性政策
354	关于印发《江苏省“环保担”工作实施方案》的通知	江苏省财政厅、江苏省生态环境厅	2022年6月23日	综合性政策
355	关于下达2021年度江苏省自然资源节约集约利用综合评价考核奖励资金的通知	江苏省财政厅、江苏省自然资源厅	2022年6月23日	绿色财政政策
356	关于提前下达第三批支持基层落实减税降费和重点民生等转移支付资金预算的通知	江苏省财政厅	2022年6月23日	绿色财政政策
357	关于下达2022年浒苔绿潮防控省级补助资金的通知	江苏省财政厅、江苏省自然资源厅	2022年6月13日	绿色财政政策
358	关于下达2022年第一批江苏省林业发展专项资金的通知	江苏省财政厅、江苏省林业局	2022年6月13日	绿色财政政策
359	关于下达2022年江苏省农村乱占耕地建房问题专项整治资金的通知	江苏省财政厅	2022年5月27日	绿色财政政策
360	关于下达2022年省生态环境保护专项资金（第一批省本级能力建设）的通知	江苏省财政厅	2022年5月27日	绿色财政政策
361	关于下达2022年第二批中央财政林业改革发展资金的通知	江苏省财政厅、江苏省林业局	2022年5月27日	绿色财政政策
362	关于下达2022年中央水污染防治资金的通知	江苏省财政厅、江苏省生态环境厅	2022年5月27日	绿色财政政策
363	关于下达2022年第二批中央水利发展资金预算的通知	江苏省财政厅	2022年5月24日	绿色财政政策
364	关于下达2022年太湖流域水环境综合治理专项资金（第一批）的通知	江苏省财政厅、江苏省生态环境厅	2022年5月23日	绿色财政政策
365	关于下达2022年中央财政林业草原生态保护恢复资金的通知	江苏省财政厅、江苏省林业局	2022年5月18日	绿色财政政策

序号	政策名称	发布部门	发布时间	政策类型
366	关于下达 2022 年中央财政林业改革发展资金（森林资源管护支出）的通知	江苏省财政厅、江苏省林业局	2022 年 5 月 18 日	绿色财政政策
367	关于印发江苏省普惠金融发展风险补偿基金项下环保贷产品工作方案的通知	江苏省财政厅、江苏省生态环境厅	2022 年 5 月 13 日	综合性政策
368	关于“环保贷”合作银行的申报通知	江苏省财政厅	2022 年 5 月 13 日	综合性政策
369	关于下达省级土地综合整治项目间接费用的通知	江苏省财政厅	2022 年 6 月 21 日	绿色财政政策
370	关于下达 2022 年第一批省级水利发展资金的通知	江苏省财政厅、江苏省水利厅	2022 年 4 月 22 日	绿色财政政策
371	关于下达 2022 年中央大气污染防治资金的通知	江苏省财政厅、江苏省生态环境厅	2022 年 4 月 11 日	绿色财政政策
372	关于下达 2022 年度江苏省海洋灾害风险普查经费的通知	江苏省财政厅	2022 年 3 月 29 日	绿色财政政策
373	关于返还 2022 年度新增建设用地土地有偿使用费的通知	江苏省财政厅、江苏省自然资源厅	2022 年 2 月 15 日	绿色财政政策
374	关于上报 2022 年水利发展资金绩效目标的报告	江苏省财政厅	2022 年 2 月 15 日	绿色财政政策
375	关于下达 2020 年度农村客运、出租车油价补贴资金的通知	江苏省财政厅、江苏省交通运输厅	2022 年 2 月 8 日	环境资源价格政策
376	关于完善资源综合利用增值税政策的公告	江苏省财政厅	2022 年 1 月 20 日	综合性政策
377	关于公布《环境保护、节能节水项目企业所得税优惠目录（2021 年版）》以及《资源综合利用企业所得税优惠目录（2021 年版）》的公告	江苏省财政厅	2022 年 1 月 13 日	综合性政策
378	关于提前下达 2022 年省级水利发展资金预算的通知	江苏省财政厅、江苏省水利厅	2022 年 1 月 10 日	绿色财政政策

序号	政策名称	发布部门	发布时间	政策类型
379	关于印发《江苏省水利重点工程建设投资省以上财政补助政策》的通知	江苏省财政厅、江苏省发展和改革委员会、江苏省水利厅	2022 年 1 月 10 日	绿色财政政策
380	关于提前下达 2022 年中央财政林业改革发展资金的通知	江苏省财政厅、江苏省林业局	2022 年 1 月 5 日	绿色财政政策
381	关于调整下达省太湖流域水环境综合治理专项资金（涉磷企业调查省级核查经费）的通知	江苏省财政厅、江苏省生态环境厅	2022 年 1 月 5 日	绿色财政政策
382	关于调整 2021 年山水林田湖草生态保护修复工程专项资金政府支出科目的通知	江苏省财政厅	2022 年 1 月 5 日	绿色财政政策
383	关于下达 2021 年江苏省长江流域生态保护和修复工程项目奖补资金的通知	江苏省财政厅、江苏省生态环境厅	2022 年 1 月 5 日	绿色财政政策
384	关于下达 2021 年度全省农村生活污水治理提升行动奖补资金的通知	江苏省财政厅、江苏省生态环境厅	2022 年 1 月 4 日	绿色财政政策
385	关于下达 2021 年太湖流域水环境综合治理专项资金（环太湖城乡有机废弃物处理利用技术示范基地蓝藻和淤泥项目）资金的通知	江苏省财政厅、江苏省生态环境厅	2022 年 1 月 4 日	绿色财政政策
386	江苏省成品油价格调整公告（2022 年第 21 号）	江苏省发展和改革委员会	2022 年 11 月 21 日	环境资源价格政策
387	江苏省成品油价格调整公告（2022 年第 20 号）	江苏省发展和改革委员会	2022 年 11 月 7 日	环境资源价格政策
388	江苏省成品油价格调整公告（2022 年第 19 号）	江苏省发展和改革委员会	2022 年 10 月 24 日	环境资源价格政策
389	关于公开征求《江苏省电力需求响应实施细则》（修订征求意见稿）意见建议的公告	江苏省发展和改革委员会	2022 年 10 月 27 日	综合性政策
390	江苏省成品油价格调整公告（2022 年第 18 号）	江苏省发展和改革委员会	2022 年 9 月 21 日	环境资源价格政策

序号	政策名称	发布部门	发布时间	政策类型
391	关于“先立后改”建设清洁高效支撑性电源项目规划建设实施方案的公示	江苏省发展和改革委员会	2022 年 9 月 19 日	综合性政策
392	江苏省成品油价格调整公告（2022 年第 17 号）	江苏省发展和改革委员会	2022 年 9 月 6 日	环境资源价格政策
393	江苏省成品油价格调整公告（2022 年第 16 号）	江苏省发展和改革委员会	2022 年 8 月 23 日	环境资源价格政策
394	江苏省成品油价格调整公告（2022 年第 15 号）	江苏省发展和改革委员会	2022 年 8 月 9 日	环境资源价格政策
395	江苏省成品油价格调整公告（2022 年第 14 号）	江苏省发展和改革委员会	2022 年 7 月 26 日	环境资源价格政策
396	江苏省成品油价格调整公告（2022 年第 13 号）	江苏省发展和改革委员会	2022 年 7 月 12 日	环境资源价格政策
397	江苏省成品油价格调整公告（2022 年第 12 号）	江苏省发展和改革委员会	2022 年 6 月 28 日	环境资源价格政策
398	江苏省成品油价格调整公告（2022 年第 11 号）	江苏省发展和改革委员会	2022 年 6 月 14 日	环境资源价格政策
399	江苏省成品油价格调整公告（2022 年第 10 号）	江苏省发展和改革委员会	2022 年 5 月 30 日	环境资源价格政策
400	江苏省成品油价格调整公告（2022 年第 9 号）	江苏省发展和改革委员会	2022 年 5 月 16 日	环境资源价格政策
401	江苏省成品油价格调整公告（2022 年第 8 号）	江苏省发展和改革委员会	2022 年 4 月 28 日	环境资源价格政策
402	江苏省成品油价格调整公告（2022 年第 7 号）	江苏省发展和改革委员会	2022 年 4 月 15 日	环境资源价格政策
403	江苏省成品油价格调整公告（2022 年第 6 号）	江苏省发展和改革委员会	2022 年 3 月 31 日	环境资源价格政策
404	江苏省成品油价格调整公告（2022 年第 5 号）	江苏省发展和改革委员会	2022 年 3 月 17 日	环境资源价格政策

序号	政策名称	发布部门	发布时间	政策类型
405	江苏省成品油价格调整公告（2022 年第 4 号）	江苏省发展和改革委员会	2022 年 3 月 1 日	环境资源价格政策
406	关于江苏省“十四五”大型支撑性、调节性电源项目规划建设实施方案的公示	江苏省发展和改革委员会	2022 年 2 月 28 日	综合性政策
407	江苏省成品油价格调整公告（2022 年第 3 号）	江苏省发展和改革委员会	2022 年 2 月 17 日	环境资源价格政策
408	江苏省成品油价格调整公告（2022 年第 2 号）	江苏省发展和改革委员会	2022 年 1 月 29 日	环境资源价格政策
409	关于我省拟申报 2022 年重点流域水环境综合治理中央预算内投资计划项目的公示	江苏省发展和改革委员会	2022 年 1 月 19 日	综合性政策
410	江苏省成品油价格调整公告（2022 年第 1 号）	江苏省发展和改革委员会	2022 年 1 月 17 日	环境资源价格政策
411	江苏省“十四五”土壤、地下水和农村生态环境保护规划的通知	江苏省生态环境厅、江苏省发展和改革委员会员会、江苏省财政厅、江苏省自然资源厅、江苏省住房和城乡建设厅、江苏省水利厅、江苏省农业农村厅	2022 年 4 月 29 日	综合性政策
412	关于印发 2022 年土壤污染防治工作计划的通知	江苏省生态环境厅	2022 年 3 月 21 日	综合性政策
413	江苏省“十四五”应对气候变化规划	江苏省生态环境厅	2022 年 4 月 6 日	综合性政策
414	关于印发《省生态环境厅 2022 年推动碳达峰碳中和工作计划》的通知	江苏省生态环境厅	2022 年 3 月 18 日	综合性政策

序号	政策名称	发布部门	发布时间	政策类型
415	关于印发《江苏省“十四五”海洋生态环境保护规划》的通知	江苏省生态环境厅、江苏省发展和改革委员会、江苏省自然资源厅、江苏省交通运输厅、江苏省农业农村厅、江苏省海警局	2022 年 2 月 28 日	综合性政策
416	关于印发《江苏省水行政处罚裁量权实施办法》和《江苏省水行政处罚裁量权基准》的通知	江苏省水利厅	2022 年 10 月 28 日	综合性政策
417	关于印发长三角生态绿色一体化发展示范区生态环境准入清单的通知	浙江省生态环境厅、上海市生态环境局、江苏省生态环境厅、长三角生态绿色一体化发展示范区执委会	2022 年 11 月 3 日	综合性政策
418	关于加强浙江自由贸易试验区生态环境保护推动高质量发展的实施意见	浙江省生态环境厅、浙江省商务厅	2022 年 12 月 6 日	综合性政策
419	关于印发《浙江省环境信息依法披露制度改革实施方案》的通知	浙江省生态环境厅	2022 年 4 月 13 日	绿色财政政策
420	关于开展浙江省生物多样性体验地建设的通知	浙江省生态环境厅	2022 年 7 月 12 日	综合性政策
421	关于印发浙江省重金属污染防控工作方案的通知	浙江省生态环境厅	2022 年 6 月 23 日	综合性政策
422	关于印发《浙江省生态环境损害赔偿鉴定评估办法》的通知	浙江省生态环境厅、浙江省司法厅、浙江省自然资源厅、浙江省住房和城乡建设厅、浙江省水利厅、浙江省农业农村厅、浙江省林业局、浙江省高级人民法院、浙江省人民检察院	2022 年 1 月 13 日	绿色财政政策

序号	政策名称	发布部门	发布时间	政策类型
423	关于全面建立生态环境状况报告制度的意见	浙江省人民政府办公厅	2022年3月24日	绿色财政政策
424	关于发布部分物料堆场扬尘排放量抽样测算方法的公告	浙江省生态环境厅、国家税务总局浙江省税务局	2022年8月31日	绿色财政政策
425	关于印发浙江省建设用地土壤污染风险管控和修复“一件事”改革4个配套文件的通知	浙江省生态环境厅	2022年10月25日	绿色财政政策
426	关于印发浙江省塑料污染治理2022年重点工作清单的通知	浙江省发展和改革委员会、浙江省生态环境厅	2022年5月30日	绿色财政政策
427	关于印发《浙江省江河湖海塑料垃圾清漂行动方案》的通知	浙江省发展和改革委员会、浙江省生态环境厅、浙江省水利厅	2022年9月30日	绿色财政政策
428	关于印发浙江省畜禽养殖场规模标准的通知	浙江省农业农村厅、浙江省生态环境厅	2022年9月21日	绿色财政政策
429	关于印发《关于进一步提升医疗机构污水治理能力的实施意见》的通知	浙江省生态环境厅、浙江省卫生健康委员会、浙江省发展和改革委员会、浙江省财政厅、中国人民解放军浙江省军区保障局	2022年2月15日	绿色财政政策
430	关于印发《浙江省清洁生产推行方案（2022—2025年）》的通知	浙江省发展和改革委员会、浙江省生态环境厅、浙江省经信厅、浙江省科技厅、浙江省财政厅、浙江省住房和城乡建设厅、浙江省交通运输厅、浙江省农业农村厅、浙江省商务厅、浙江省市场监管局	2022年8月29日	绿色财政政策

序号	政策名称	发布部门	发布时间	政策类型
431	浙江省生态环境保护条例	浙江省人大常委会	2022 年 5 月 30 日	绿色财政政策
432	关于印发福建省“十四五”节能减排综合工作实施方案的通知	福建省人民政府	2022 年 6 月 8 日	绿色财政政策
433	福建省矿产资源监督管理办法	福建省人民政府	2022 年 5 月 31 日	绿色财政政策
434	关于印发加强入河入海排污口监督管理工作方案的通知	福建省人民政府办公厅	2022 年 8 月 29 日	绿色财政政策
435	关于印发福建省综合性生态保护补偿实施方案的通知	福建省人民政府办公厅	2022 年 10 月 14 日	绿色财政政策
436	关于印发福建省推进绿色经济发展行动计划（2022—2025 年）的通知	福建省人民政府办公厅	2022 年 8 月 18 日	绿色财政政策
437	福建省房屋建筑和市政基础设施工程夜间施工噪声污染联防联控工作机制	福建省生态环境厅、福建省住房和城乡建设厅	2022 年 11 月 23 日	绿色财政政策
438	福建省矿产资源监督管理办法	福建省人民政府	2022 年 5 月 31 日	绿色财政政策
439	福建省水土保持条例	福建省人大常委会	2022 年 9 月 9 日	绿色财政政策
440	福建省土地管理条例	福建省人大常委会	2022 年 5 月 27 日	绿色财政政策
441	福建省土壤污染防治条例	福建省人大常委会	2022 年 5 月 27 日	绿色财政政策
442	福建省深入打好污染防治攻坚战实施方案	福建省人民政府	2022 年 5 月 31 日	绿色财政政策
443	福建省农村人居环境整治提升行动实施方案	福建省委办公厅、福建省人民政府办公厅	2022 年 4 月 8 日	绿色财政政策
444	尾矿污染环境防治管理办法	福建省生态环境厅	2022 年 4 月 27 日	绿色财政政策

序号	政策名称	发布部门	发布时间	政策类型
445	福建省生态环境保护条例	福建省人大常委会	2022年3月31日	绿色财政政策
446	关于开展2022年“双随机、一公开”执法监管工作的通知	福建省生态环境厅	2022年3月17日	绿色财政政策
447	地下水管理条例	福建省生态环境厅	2022年2月25日	绿色财政政策
448	危险废物转移管理办法	福建省生态环境厅	2022年2月16日	绿色财政政策
449	固体废物污染环境防治条例	山东省十三届人大常委会第三十八次会议	2022年9月21日	绿色财政政策
450	关于印发山东省贯彻落实《“十四五”全国清洁生产推行方案》的若干措施的通知	山东省生态环境厅等13部门	2022年12月5日	绿色财政政策
451	关于进一步做好重型柴油车远程监控有关工作的通知	山东省生态环境厅、山东省公安厅	2022年11月8日	绿色财政政策
452	关于印发《山东省“十四五”畜禽养殖污染防治行动方案》的通知	山东省生态环境厅、山东省农业农村厅、山东省畜牧兽医局	2022年11月3日	绿色财政政策
453	关于加强产业园区规划环境影响评价工作的实施意见	山东省生态环境厅	2022年9月30日	绿色财政政策
454	关于印发《山东省省级生态环境科普基地管理办法》的通知	山东省生态环境厅、山东省科学技术厅	2022年9月7日	绿色财政政策
455	关于印发《山东省生态环境行政处罚裁量基准（2022年版）》的通知	山东省生态环境厅	2022年7月29日	绿色财政政策
456	关于印发山东省固定污染源自动监控管理规定的通知	山东省生态环境厅	2022年7月27日	绿色财政政策
457	关于印发山东省生态文明示范建设负面清单（2022年版）的通知	山东省生态环境厅	2022年7月26日	绿色财政政策

序号	政策名称	发布部门	发布时间	政策类型
458	关于开展项目环评打捆审批工作的通知	山东省生态环境厅	2022 年 7 月 11 日	绿色财政政策
459	关于印发山东省省级生态工业园区管理办法的通知	山东省生态环境厅、山东省科学技术厅、山东省商务厅等八部门	2022 年 7 月 5 日	绿色财政政策
460	关于印发山东省水泥行业超低排放改造实施方案、山东省焦化行业超低排放改造实施方案的通知	山东省生态环境厅等八部门	2022 年 6 月 28 日	绿色财政政策
461	关于做好山东省土壤污染防治基金项目库建设工作的通知	山东省生态环境厅、山东省财政厅、山东省自然资源厅、山东省住房和城乡建设厅、山东省农业农村厅	2022 年 6 月 23 日	绿色财政政策
462	关于印发山东省农业面源污染治理与监督指导实施方案（试行）的通知	山东省生态环境厅、山东省农业农村厅、山东省畜牧兽医局	2022 年 5 月 9 日	绿色财政政策
463	关于印发山东省高耗能高排放建设项目碳排放减量替代办法（试行）的通知	山东省生态环境厅、山东省发展和改革委员会	2022 年 4 月 29 日	绿色财政政策
464	关于印发《山东省钢铁行业建设项目温室气体排放环境影响评价技术指南（试行）》《山东省化工行业建设项目温室气体排放环境影响评价技术指南（试行）》的通知	山东省生态环境厅	2022 年 5 月 7 日	绿色财政政策
465	关于印发山东省环保金融项目库管理办法（试行）的通知	山东省生态环境厅、中国人民银行济南分行	2022 年 3 月 31 日	绿色财政政策
466	关于印发山东省“十四五”农业农村生态环境保护行动方案的通知	山东省生态环境厅等十三部门	2022 年 3 月 18 日	绿色财政政策

序号	政策名称	发布部门	发布时间	政策类型
467	关于印发山东省非道路移动机械污染排放管控工作方案的通知	山东省生态环境厅等九部门	2022 年 2 月 17 日	绿色财政政策
468	广东省环境保护条例	广东省第十届人民代表大会常务委员会第十三次会议	2022 年 12 月 15 日	绿色财政政策
469	关于成立广东省农村人居环境整治提升领导小组的通知	广东省人民政府办公厅	2022 年 11 月 23 日	绿色财政政策
470	广东省固体废物污染环境防治条例	广东省人大常委会	2022 年 12 月 15 日	绿色财政政策
471	2022 年广东省营商环境评价工作方案	广东省发展和改革委员会	2022 年 1 月 11 日	绿色财政政策
472	关于印发广东省塑料污染治理行动方案（2022—2025 年）的通知	广东省发展和改革委员会、广东省生态环境厅	2022 年 8 月 4 日	绿色财政政策
473	关于印发广东省生态环境厅 2022 年度危险废物规范化环境管理评估工作方案的通知	广东省生态环境厅	2022 年 8 月 30 日	绿色财政政策
474	关于下达 2022 年北江流域生态环境保护省级激励资金任务清单的通知	广东省生态环境厅	2022 年 10 月 31 日	绿色财政政策
475	关于征集生态环境科技帮扶技术需求的通知	广东省生态环境厅	2022 年 9 月 23 日	绿色财政政策
476	关于印发《广东省省级生态环境专项资金项目储备库入库指南（2022 年版）》的通知	广东省生态环境厅	2022 年 6 月 16 日	绿色财政政策
477	关于印发《广东省 2022 年度碳排放配额分配方案》的通知	广东省生态环境厅	2022 年 12 月 5 日	绿色财政政策
478	关于贯彻落实“十四五”环境影响评价与排污许可工作实施方案的通知	广东省生态环境厅	2022 年 5 月 23 日	绿色财政政策
479	关于印发广东省海洋生态环境保护“十四五”规划的通知	广东省生态环境厅	2022 年 5 月 6 日	绿色财政政策

序号	政策名称	发布部门	发布时间	政策类型
480	关于印发《海南省企事业环保信用评价管理办法》的通知	海南省生态环境厅	2022 年 11 月 10 日	绿色财政政策
481	关于印发《海南省（海南本岛）重点海域入海污染物总量控制技术参考指南》的通知	海南省生态环境厅	2022 年 1 月 7 日	绿色财政政策
482	关于印发我省 2022—2023 年水环境、空气质量再提升和土壤、地下水污染防治行动计划的通知	山西省人民政府办公厅	2022 年 12 月 1 日	绿色财政政策
483	关于印发山西中部城市群高质量发展规划（2022—2035 年）的通知	山西省人民政府办公厅	2022 年 11 月 9 日	绿色财政政策
484	关于促进全省煤炭绿色开采的意见	山西省人民政府办公厅	2022 年 5 月 12 日	绿色财政政策
485	关于印发《黑龙江省生态环境厅关于进一步规范适用环境行政处罚自由裁量权的指导意见（试行）》的通知	黑龙江省生态环境厅	2022 年 11 月 7 日	绿色财政政策
486	关于公开征求《黑龙江省生态环境行政处罚裁量基准（2022 版）》（征求意见稿）意见的通知	黑龙江省生态环境厅	2022 年 8 月 15 日	绿色财政政策
487	关于印发《黑龙江省生态环境领域减轻行政处罚和不予行政强制措施事项清单（试行）》的通知	黑龙江省生态环境厅	2022 年 9 月 11 日	绿色财政政策
488	关于公开征求《黑龙江省生态环境领域减轻行政处罚事项清单（试行）》及《黑龙江省生态环境领域免于行政强制事项清单（试行）》（征求意见稿）意见的通知	黑龙江省生态环境厅	2022 年 5 月 18 日	绿色财政政策
489	关于印发《黑龙江省生态环境损害赔偿工作规定》的通知	黑龙江省生态环境厅等十二部门	2022 年 8 月 25 日	绿色财政政策
490	黑龙江省关于推进生态环境损害赔偿制度改革若干具体问题的实施意见	黑龙江省人民政府办公厅	2022 年 1 月 18 日	绿色财政政策

序号	政策名称	发布部门	发布时间	政策类型
491	关于印发《安徽省生态环境专项资金管理办法》的通知	安徽省财政厅、安徽省生态环境厅	2022年8月3日	绿色财政政策
492	关于印发《安徽省地表水断面生态补偿办法》的通知	安徽省生态环境厅、安徽省财政厅	2022年4月12日	绿色财政政策
493	关于做好2021年度企业环境信用评价工作的通知	安徽省生态环境厅	2022年4月21日	绿色财政政策
494	关于印发江西省工业领域碳达峰实施方案的通知	江西省工业和信息化厅、江西省发展和改革委员会、江西省生态环境厅	2022年10月13日	绿色财政政策
495	生态环境损害赔偿管理规定	江西省生态环境厅	2022年7月8日	绿色财政政策
496	关于印发《关于加强生态环境损害赔偿与检察公益诉讼衔接的办法》的通知	江西省生态环境厅	2022年4月15日	绿色财政政策
497	关于印发《江西省排污权交易规则（试行）》的通知	江西省生态环境厅	2021年9月23日	绿色财政政策
498	关于印发《江西省生态环境违法行为举报奖励办法》的通知	江西省生态环境厅、江西省财政厅	2021年4月28日	绿色财政政策
499	关于印发《江西省清洁生产审核实施方案（2021—2023年）》的通知	江西省生态环境厅、江西省发展和改革委员会	2022年1月28日	绿色财政政策
500	关于印发《河南省重大项目生态环境要素保障白名单管理办法》的通知	河南省生态环境厅	2022年11月4日	绿色财政政策
501	关于深化重点行业绿色发展评价成果应用的通知	河南省生态环境厅	2022年5月27日	绿色财政政策
502	关于做好2022年重点碳排放企业温室气体报告工作的通知	河南省生态环境厅	2022年8月3日	绿色财政政策
503	关于进一步优化环评审批推进重大投资项目建设的通知	河南省生态环境厅	2022年7月21日	绿色财政政策

序号	政策名称	发布部门	发布时间	政策类型
504	关于扎实做好2022年全省重点行业绩效分级管理工作的通知	河南省生态环境厅	2022年7月6日	绿色财政政策
505	关于印发《扎实做好惠企纾困一揽子生态环境政策措施》的通知	河南省生态环境厅	2022年6月15日	绿色财政政策
506	关于开展工业固体废物排污许可管理工作的通知	河南省生态环境厅	2022年1月24日	绿色财政政策
507	关于印发《湖北省减污降碳协同增效实施方案》的通知	湖北省生态环境厅、湖北省发展和改革委员会、湖北省经信厅、湖北省住房和城乡建设厅、湖北省交通运输厅、湖北省农业农村厅、湖北省能源局	2022年12月5日	绿色财政政策
508	关于印发《湖北省2021年度碳排放权配额分配方案》的通知	湖北省生态环境厅	2022年11月11日	绿色财政政策
509	关于印发《湖北省生态环境行政处罚裁量基准规定（2021年修订版）》的通知	湖北省生态环境厅	2022年1月2日	绿色财政政策
510	关于进一步加强建设项目环评和排污许可监管工作的通知	湖北省生态环境厅	2022年10月27日	绿色财政政策
511	关于印发《省级生态环境保护以奖代补资金因素法测算细则（暂行）》的通知	湖北省生态环境厅	2022年10月11日	绿色财政政策
512	关于印发《湖南省大气污染防治资金项目管理规定（试行）》的通知	湖南省生态环境厅、湖南省财政厅	2022年4月28日	绿色财政政策
513	关于印发《湖南省生态环境保护行政处罚裁量权基准规定（2021版）》的通知	湖南省生态环境厅	2022年3月2日	绿色财政政策
514	关于印发《四川省生态环境行政处罚裁量标准》的通知	四川省生态环境厅	2022年9月30日	绿色财政政策

序号	政策名称	发布部门	发布时间	政策类型
515	关于印发《四川省生态环境厅建设项目环境影响评价区域限批管理办法》的通知	四川省生态环境厅	2022 年 2 月 7 日	绿色财政政策
516	关于印发重庆市生态环境违法行为有奖举报办法（2022 年版）的补充通知	重庆市生态环境局	2022 年 7 月 6 日	绿色财政政策
517	关于印发重庆市产业园区规划环境影响评价与建设项目环境影响评价联动实施方案（试行）的通知	重庆市生态环境局	2022 年 6 月 20 日	绿色财政政策
518	关于印发重庆市生态环境违法行为有奖举报办法（2022 年版）的通知	重庆市生态环境局	2022 年 5 月 23 日	绿色财政政策
519	关于印发实施《贵州省轻微生态环境违法行为不予行政处罚清单（试行）》有关事项的通知	贵州省牛态环境厅	2022 年 12 月 9 日	绿色财政政策
520	关于印发《贵州省加强排污许可执法监管实施方案》的通知	贵州省生态环境厅	2022 年 11 月 23 日	绿色财政政策
521	关于印发《贵州省地方生态环境标准管理办法》的通知	贵州省生态环境厅	2022 年 11 月 7 日	绿色财政政策
522	关于印发《贵州省生态环境厅关于生态环境保护优化推动产业高质量发展的指导意见》的通知	贵州省生态环境厅	2022 年 8 月 4 日	绿色财政政策
523	贵州省“十四五”生态环境保护规划	贵州省生态环境厅、贵州省发展和改革委员会	2022 年 6 月 14 日	绿色财政政策
524	关于印发《宁夏回族自治区建设项目环境影响评价文件分级审批规定（2022 年本）》的通知	宁夏回族自治区生态环境厅	2022 年 11 月 10 日	绿色财政政策
525	关于印发《宁夏回族自治区生态环境领域实施包容免罚清单（2022 版）》的通知	宁夏回族自治区生态环境厅	2022 年 9 月 23 日	绿色财政政策

序号	政策名称	发布部门	发布时间	政策类型
526	关于印发青海省碳达峰实施方案的通知	青海省人民政府	2022 年 12 月 19 日	绿色财政政策
527	关于印发青海省“十四五”节能减排实施方案的通知	青海省人民政府	2022 年 9 月 8 日	绿色财政政策
528	关于印发青海打造国家清洁能源产业高地 2022 年工作要点的通知	青海省人民政府办公厅	2022 年 9 月 3 日	绿色财政政策
529	关于印发重点项目服务助力经济高质量发展的十项措施的通知	青海省生态环境厅	2022 年 3 月 23 日	绿色财政政策
530	关于做好 2022 年企业温室气体排放报告管理相关重点工作的通知	青海省生态环境厅	2022 年 3 月 17 日	绿色财政政策
531	关于印发《减污降碳协同增效实施方案》的通知	甘肃省人民政府	2022 年 6 月 13 日	绿色财政政策
532	关于印发《重污染天气重点行业绩效分级企业奖励办法（试行）》的通知	陕西省生态环境厅、陕西省财政厅	2022 年 12 月 8 日	绿色财政政策
533	关于印发陕西省碳排放权交易管理实施细则（试行）的通知	陕西省生态环境厅	2022 年 7 月 8 日	绿色财政政策
534	关于印发全省生态环境系统稳经济守底线促发展二十三条措施的通知	陕西省生态环境厅	2022 年 6 月 16 日	绿色财政政策
535	关于印发陕西省黄河流域生态环境保护规划的通知	陕西省生态环境厅、陕西省发展和改革委员会、陕西省科学技术厅、陕西省工业和信息化厅、陕西省司法厅、陕西省财政厅、陕西省自然资源厅、陕西省住房和城乡建设厅、陕西省交通运输厅、陕西省水利厅、陕西省农业农村厅、陕西省公安厅、陕西省应急管理厅、陕西省林业局	2022 年 6 月 16 日	绿色财政政策

序号	政策名称	发布部门	发布时间	政策类型
536	关于印发西藏自治区生态文明建设示范创建管理办法的通知	西藏自治区人民政府	2022 年 6 月 2 日	绿色财政政策
537	关于印发西藏自治区江河源保护行动方案的通知	西藏自治区人民政府办公厅	2022 年 11 月 26 日	绿色财政政策
538	关于印发西藏自治区生态环境领域自治区与地市财政事权和支出责任划分改革方案的通知	西藏自治区人民政府办公厅	2022 年 1 月 5 日	绿色财政政策
539	关于印发《云南省生态环境损害赔偿资金管理办法（试行）》的通知	云南省财政厅等九部门	2021 年 7 月 19 日	绿色财政政策

参考文献

[1] 张丽燕. 关于深化农业水价综合改革的思考[J]. 水利发展研究，2022，22（10）：45-48.

[2] 龙凤，毕粉粉，董战峰，等. 城镇污水处理全成本核算和分担机制研究——基于中国333个城镇污水处理厂样本估算[J]. 环境污染与防治，2021，43（10）：1333-1339.

[3] 姚俊，周宏伟，张文斌，等. 农业水价综合改革管理模式探索及思考[J]. 水利技术监督，2022（9）：117-120.

[4] 梁凯圣，慎东方，孙伟. 梯级水价模型在农业水价综合改革中的应用研究［J］. 水利规划与设计，2020（4）：49-51，77.

[5] 王哲，王双银，何冰晶，等. 陕西省大型灌区农业水价综合改革与农户经济承受能力研究［J］. 水利规划与设计，2022（5）：28-31，67.

[6] 黄诗院. 浅谈推进农业水价综合改革的建议[J]. 新农村，2022（10）：13-14.

[7] 龙凤，毕粉粉，连超，等. 基于污水处理成本全覆盖的价格机制探析[J]. 环境保护，2021，49（7）：38-42.

[8] 张众仰. 城市生活垃圾付费制度研究[J]. 合作经济与科技，2022（23）：190-192.

[9] 陈刚. 排污权交易试点工作的现状、问题与建议[EB/OL].（2022-12-30）https://huanbao.bjx. com. cn/ news/20220705/1238561. shtml.

[10] 上海环境能源交易所. https://www. cneeex. com/.

[11] 周杰俣，刘子畅. IIGF 观点 ｜2021 年我国用能权交易市场进展情况和政策建议[EB/OL].（2022-12-30）http：//iigf. cufe. edu. cn/info/1012/5564. htm.

[12] 张琨，王燕荣，陈国生，等. 湖南省自然资源产权制度改革的现状、挑战及其优化对策研究[J]. 湖南科技学院学报，2022，43（3）：59-62.

[13] 赵佳. 排污权交易试点暴露出的问题亟待破解[EB/OL].（2022-12-30）https://m. gmw.

cn/baijia/2022-07/ 29/35917854. html.

[14] 郭敏平. IIGF 观点 | 我国排污权交易市场的最新进展、现存问题与建议展望[EB/OL].（2022-12-30）http: //iigf. cufe. edu. cn/info/1012/5414. htm.

[15] 陈婉. 建立全国统一碳市场需打通哪些堵点？[J]. 环境经济，2022（13）：22-27.

[16] Ellin. 全国碳排放权交易市场的实践与挑战[EB/OL].（2022-12-30）http：//www. ccpeftzh. com/ information/market/2099. html.

[17] 赵惠妙. 碳排放权市场交易关键问题探析[EB/OL].（2022-12-30）http：//e. mzyfz. org. cn/paper/ 1830/paper_48844_10254. html.

[18] 吕晶晶. 中国碳排放交易的现状和对策探讨[J]. 中国商论，2022（22）：26-28.

[19] 赖晓明，陆冰清. 全国碳排放权交易市场实践与挑战[J]. 中国财政，2022（15）：21-23.

[20] 韩立雄. 以用水权改革助推先行区建设：问题与建议[J]. 宁夏党校学报，2022，24（6）：94-101.

[21] 高磊. 新形势下中国特色水权交易实践总结与发展对策[J]. 水利经济，2022，40（2）：57-60，86，89.

[22] 黄钰. 重构我国自愿减排市场新格局，未来可期[J]. 环境经济，2022（13）：38-45.

[23] 亢远飞. 探索节能家电碳普惠机制　激发市民低碳生活新动力[J]. 节能与环保，2022（3）：74-75.

[24] 刘国辉，陈芳. 碳普惠制国内外实践与探索[J]. 金融纵横，2022（5）：59-65.

[25] 田贵良，梁岚，吴正，等. 我国自然资源管理制度变迁与资产产权制度优化[J]. 资源与产业，2022：1-19.

[26] 陈刚. 排污权交易试点工作的启示与思考[EB/OL].（2022-12-30）http：//www. qunzh. com/ldjs_2612/ stjs/202207/t20220707_100259. html.

[27] 郭鹏. 2021 年再生资源产业报告[R]. 广发证券，2021.

[28] 董战峰，葛察忠，贾真，等. 国家“十四五”生态环境政策改革重点与创新路径研究[J]. 生态经济，2020，36（8）：13-19.

[29] 郝春旭，董战峰，程翠云，等. 国家环境经济政策进展评估报告 2021[J]. 中国环境管理，2022，14（3）：5-13.

[30] 郝春旭，董战峰，璩爱玉，等. “十四五”时期生态补偿制度改革研究[J]. 环境保护，2022，50（10）：73-78.